第四版

JIANZHU GONGCHENG SHITU

建筑工程识图

周佳新 编著

化学工业出版社

·北京·

内 容 简 介

本书详细介绍了建筑工程识图的基本知识，识图的思路、方法和技巧，以基础性、实用性为主。 内容包括建筑识图国家标准的有关规定、建筑识图的投影基础、建筑形体的表达方法、建筑构造、建筑施工图等。

本书可作为从事建筑施工的技术人员、管理人员、工人的培训或自学教材，也适用于大中专院校与基本建设相关学科使用。

图书在版编目（CIP）数据

建筑工程识图/周佳新编著. —4 版. —北京：化学
工业出版社，2021.12（2023.5重印）
ISBN 978-7-122-39974-8

Ⅰ.①建… Ⅱ.①周… Ⅲ.①建筑制图-识图 Ⅳ.
①TU204.21

中国版本图书馆 CIP 数据核字（2021）第 194244 号

责任编辑：左晨燕　　　　　　　　　　　　装帧设计：张　辉
责任校对：王鹏飞

出版发行：化学工业出版社（北京市东城区青年湖南街 13 号　邮政编码 100011）
印　　装：涿州市般润文化传播有限公司
787mm×1092mm　1/16　印张 15¾　字数 361 千字　2023 年 5 月北京第 4 版第 2 次印刷

购书咨询：010-64518888　　　　　　　　售后服务：010-64518899
网　　址：http://www.cip.com.cn
凡购买本书，如有缺损质量问题，本社销售中心负责调换。

定　　价：68.00 元

前言

  本书是在《建筑工程识图》(第三版)(周佳新、张九红编著)基础上修订完成。《建筑工程识图》第一版于 2008 年 3 月出版,多次印刷,之后又修订出版了第二版、第三版。 本书曾将成千上万名建筑行业的从业人员引上了建筑工程的识图之路,使其在较短的时间内掌握或基本掌握了建筑工程识图的基本知识、识图的思路、方法和技能。

  本书强调建筑工程的学科特色,坚持以基础性、实用性和可读性为原则,以"必须、够用"为度,以期学习者通过学习本书能较快地获得识读建筑工程图的知识和技能。

  全书共分五章,在内容的编排顺序上进行了优化,主要包括以下内容:

  1. 基础知识篇(第一章至第三章)

  本部分内容侧重于无基础者,从零学起,重点介绍与建筑识图相关的国家标准、建筑识图的投影理论及建筑形体的表达方法等内容,是建筑工程识图的基础。

  2. 专业实践篇(第四章和第五章)

  本部分主要讲解常用建筑构造、建筑施工图等内容。 结合当前建筑业发展的实际,从工程实例入手,详细介绍常用建筑构造的原理,建筑施工图的组成、规定和图示特点,以解决实际问题为主。

  为帮助读者学习,本书配有采用了 VRML 技术的 PPT 课件,需要者可关注微信公众号"化工帮 CIP",回复书名即可获取。

  本书由沈阳建筑大学周佳新编著,在以往的工作中沈阳建筑大学的张喆、张九红、王志勇、刘鹏、王铮铮、沈丽萍、姜英硕、李鹏、张楠等均做了大量的工作。 在编著的过程中参考了有关制图专著和网络素材,在此向有关作者表示衷心的感谢! 由于编写仓促及水平有限,疏漏瑕疵在所难免,恳请广大同仁及读者不吝赐教,在此谨表谢意。

编著者

2021 年 10 月

第一版前言

随着我国经济的持续快速发展，建筑行业的从业人员日益增加，提高从业人员的基本素质便成为当务之急。我们着眼于加强从业人员技能以及综合素质的培养，从工程技术人员的特点和文化基础出发，结合多年从事工程实践及工程图学教学的经验编写了这本书。

本书遵循认知规律，将工程实践与理论相融合，以新规范为指导，通过工程实例，图文结合、循序渐进地介绍了建筑工程识图的基本知识，识图的思路、方法和技巧，强调实用性和可读性，以期读者通过学习本书能较快地获得识读建筑施工图的基本知识和技能。

全书共分五章，在内容的编排顺序上进行了优化，主要包括以下内容。

1. 识图基础篇（第一章至第三章）

本部分内容侧重于无基础的初学者，从一点儿不会学起，介绍了相关的国家标准、识图基本理论及图样表达方法等。

2. 专业图介绍与识图实践篇（第四章和第五章）

本部分主要讲解了建筑施工图、一般建筑构造等内容。根据目前建筑业发展的实际，以典型的工程实例，详细介绍了建筑施工图、一般建筑构造的原理、识读方法，以解决实际问题为主。

本书由沈阳建筑大学周佳新（第一章至第四章）、张九红（第五章）编著，由于编写时间仓促，加上作者水平有限，疏漏之处在所难免，恳请广大同仁及读者不吝赐教，在此谨表谢意。

编著者
2008 年 3 月

第二版前言

　　《建筑工程识图》第一版自2008年出版以来，受到了广大读者的欢迎，多次重印。 为了更好地服务于读者，我们在第一版的基础上，修订了本书。

　　本书修订的指导思想是：着眼于提高建筑行业从业人员的基本素质，遵循认知规律，将工程实践与理论相融合，以新规范为指导，通过工程实例图文结合、循序渐进地介绍建筑工程识图的基本知识，识图的思路、方法和技巧，强调实用性和可读性，以期读者通过学习本书能较快地获得识读建筑施工图的基本知识和技能。

　　本书突出实用性，以"必须、够用"为度，有如下特点。

　　1. 从工程技术人员的特点和文化基础出发，以模块化形式为编写原则。 本书共计有建筑识图的基本知识、工程形体的表达方法、建筑施工图基础、建筑施工图和一般民用建筑构造五个模块，以章的形式编写。 各个模块既相互独立，又注重前后学习的密切联系，不同层次的读者可根据需要选用其中的模块进行学习。

　　2. 坚持学以致用，少而精的原则。 本书在内容的选择与组织上做到了主次分明、深浅得当、详略适度、图文并茂。 理论的应用部分采用例题的形式讲解，例题中将作图步骤区分开来，清晰地表达了作图的思路、方法，使读者一目了然，易于理解和掌握，别具特色。

　　3. 以科学性、时代性、工程性为原则。 凡能收集到的最新国家标准，本书都予以贯彻。本书注重吸取工程技术界的最新成果，结合当前建筑业发展的实际，为读者展示了丰富、特色的工程实例，以期读者通过学习，能解决工作中的实际问题。

　　本书第二版由沈阳建筑大学周佳新、张九红编著，在修订工作中李周彤、李牧峰也做了很多工作。 在编著的过程中参考了有关制图专著，在此向有关作者表示衷心的感谢！ 由于编写时间仓促加上作者水平有限，疏漏之处在所难免，恳请广大同仁及读者不吝赐教，在此谨表谢意。

编著者

2012 年 3 月

第三版前言

　　《建筑工程识图》(第二版)自从 2012 年再版以来,又连续印刷多次,受益读者甚多。 为了更好地服务于读者,服务于"大众创业,万众创新",为我国的经济发展助力,我们在前两版的基础上,修订了本书。

　　本书突出基础性、实用性和规范性,有如下特点:

　　1. 加强基础,确保五大基础内容的讲解,即投影理论基础、构型设计基础、表达方法基础、制图规范基础、绘图能力基础。 各部分既相互独立,又注重前后学习的密切联系,不同层次的读者可根据需要选择性学习。

　　2. 注重实用,本书吸取工程技术界的最新成果,结合当前建筑业发展的实际,为读者展示了丰富、特色的工程实例,以期读者通过学习,能解决工作中的实际问题。

　　3. 标准规范,凡能收集到的最新国家标准,本书都予以执行。

　　本书第三版由沈阳建筑大学周佳新、张九红编著,刘鹏、王铮铮、王志勇、李鹏、沈丽萍、张楠、张喆、姜英硕、马晓娟、张桂山、王雪光、李周彤、李牧峰也做了很多工作。 在编著和修订的过程中参考了有关制图专著,在此向有关作者表示衷心的感谢! 由于作者水平有限,疏漏之处在所难免,恳请广大同仁及读者不吝赐教,在此谨表谢意。

　　欢迎与周佳新教授联系(zhoujx@sjzu.edu.cn)。

编著者

2015 年 10 月

目录

第一章
建筑识图国家标准的有关规定

第一节 概　　述

一、建筑工程图的作用

建筑工程是指为人类生活、生产提供物质技术基础的各类建筑物和工程设施的统称。建筑工程图是用投影的方法来表达工程物体的形状和大小，按照国家工程建设标准有关规定绘制的图样。它能把已经建成或尚未建成的建筑工程准确地表达在图纸上，并同时标明工程所用的材料以及生产、安装等的要求。

建筑工程图是工程项目建设的技术依据和重要的技术资料：在方案设计中，它是征求建设单位的意见和审批建筑工程项目的依据；在生产施工中，它是备料和施工的依据；当工程竣工时，要按照工程图的设计要求进行质量检查和验收，并以此评价工程质量优劣，还要作为技术档案保存起来，以便需要的时候随时查阅；建筑工程图还是编制工程概算、预算和决算及审核工程造价的依据；建筑工程图是具有法律效力的技术文件。

二、建筑工程图的内容

建筑工程图的主要内容有四部分：

① 制图知识　包括建筑工程图国家标准的有关规定、建筑形体的表达方法等，其主要内容是介绍、贯彻国家有关制图标准，是学习建筑工程图基本知识和技能的主要渠道。

② 投影知识　包括投影的基本知识、几何元素的投影及相互关系、立体的投影、轴测投影、标高投影等，是学习建筑工程图的理论基础。

③ 建筑构造　包括建筑的常用构造，其主要内容是介绍基础、墙体、楼地层、楼梯、门、窗等的构造原理和构造方法，是学习建筑工程图的实践基础。

④ 相关专业图　包括建筑工程图基础、建筑施工图识读等，其主要内容是介绍建筑工程图的表达及绘制方法，着重培养绘图与读图能力。

三、建筑工程图的学习方法

① 保持认真的态度　图纸是工程施工的技术依据，容不得有丝毫的差错，否则就会

造成浪费甚至会造成工程事故。通过学习建筑工程图识图，逐步养成严谨细致的工作作风。

②注重图文结合　投影理论较为抽象，一些空间问题难以用文字描述，也难以形象地比喻。要注意图与文的融会贯通，相互联系以加深理解；注意应用投影的特点、投影的规律来解决空间问题，逐步培养空间想象能力和空间分析能力。

③重视实践　图样的绘制和识读需要通过相当的训练才能掌握和熟练运用。学习建筑工程图识图应配合作图练习，通过这些实践环节的训练，才能很好地掌握，同时还可以加深对国家制图标准有关规定的认识和理解。

总之，建筑工程图识图有一个鲜明的特点，就是用图来表达设计思想。因此在学习的过程中，始终必须将平面上的投影与想象的空间几何元素结合起来。这种平面投影分析与空间形体想象的结合，是二维思维与三维思维间的转换。而这种转换能力的培养，只能逐步做到。首先，应理解、掌握各章节的概念和难点；其次，及时完成一定数量的练习；作图的过程是实现空间思维分析的过程，也是培养空间逻辑思维和想象能力的过程。只有通过解题、作图，才能检验是否真正地掌握了所学的内容；第三，由于建筑工程图识图独特的投影描述，常表现为重叠的线，因而空间逻辑思维过程，无法一目了然地表现出来，时间久了很难回忆起，容易忘记。建议学习时，用文字将步骤记录下来，对照复习，这样才能温故知新，熟练掌握所学的内容。

四、建筑工程图发展概述

中国是具有几千年历史的文明古国，早在公元前春秋时代的《周礼考工记》中，就有"规"（即圆规）、"矩"（即直尺）、"绳墨"（即墨斗）、"悬"（即铅垂线）、"水"（即水平线）等绘图工具、仪器的记载。

1977 年，在河北省平山县出土了战国时期（约公元前四世纪）的铜板——兆域图，如图 1-1 所示。"兆"是中国古代对墓域的称谓，图中绘制的是中山王陵的规划设计平面图，是迄今世界上罕见的早期建筑图样。

图 1-1　兆域图

1100 年前后北宋时期的李诫，总结了我国两千多年的建筑技术和成就，写下了《营造法式》的经典著作。书中有图样一千多幅，其中包括了当今仍然在应用的用投影法绘制的平面图、立面图、剖面图、大样图等，如图 1-2 所示的是大木作殿堂结构示意图。《营造法式》是世界上最早的建筑规范巨著。

图 1-2　《营造法式》大木作殿堂结构示意图

计算机应用技术的日臻成熟，极大地促进了建筑工程图的发展，计算机图形学的兴起开创了图学应用和发展的新纪元。以计算机图形学为基础的计算机辅助设计（CAD）技术，推动了几乎所有领域的设计革命。设计者可以在计算机所提供的虚拟空间中进行构思设计，设计的"形"与生产的"物"之间，是以计算机的"数"进行交换的，亦即以计算机中的数据取代了图纸中的图样，这种三维的设计理念对传统的二维设计方法带来了强烈的冲击，也是今后工程应用发展的方向。

值得一提的有两点：一是计算机的广泛应用，并不意味着可以取代人的作用；二是CAD/CAPP/CAM 一体化，实现无纸生产，并不等于无图生产，而且对图提出了更高的要求。计算机的广泛应用，CAD/CAPP/CAM 一体化，技术人员可以用更多的时间进行创造性的设计工作，而创造性的设计离不开运用图形工具进行表达、构思和交流。所以，随着 CAD 和无纸生产的发展，图形的作用不仅不会削弱，反而显得更加重要。因此，作为从事土木建筑工程的技术人员，掌握建筑工程图的知识是必不可少的。

第二节　国家标准的有关规定

一、图纸幅面和格式

1. 图纸幅面

图纸幅面简称图幅，即图纸幅面的大小，图纸的幅面是指图纸宽度与长度组成的图面。为了使用和管理图纸方便、规整，所有的设计图纸的幅面必须符合国家标准的规定，如表 1-1 所示。

表 1-1　图纸幅面及图框尺寸　　　　　　　　　　　　　mm

尺寸代号　　幅面代号	A0	A1	A2	A3	A4
$b \times l$	841×1189	594×841	420×594	297×420	210×297
c	10			5	
a	25				

注：表中 b 为幅面短边尺寸，l 为幅面长边尺寸，c 为图框线与幅面线间宽度，a 为图框线与装订边间宽度。

必要时允许选用规定的加长幅面，图纸的短边一般不应加长，长边可以加长，但应符合表 1-2 的规定。

表 1-2　图纸长边加长尺寸　　　　　　　　　　　　　mm

幅面代号	长边尺寸	长边加长后的尺寸				
A0	1189	1486 (A0+1/4l)	1783 (A0+1/2l)	2080 (A0+3/4l)	2378 (A0+l)	
A1	841	1051 (A1+1/4l) 2102 (A1+3/2l)	1261 (A1+1/2l)	1471 (A1+3/4l)	1682 (A1+l)	1892 (A1+5/4l)
A2	594	743 (A2+1/4l) 1486 (A2+3/2l)	891 (A2+1/2l) 1635 (A2+7/4l)	1041 (A2+3/4l) 1783 (A2+2l)	1189 (A2+l) 1932 (A2+9/4l)	1338 (A2+5/4l) 2080 (A2+5/2l)
A3	420	630 (A3+1/2l) 1682 (A3+3l)	841 (A3+l) 1892 (A3+7/2l)	1051 (A3+3/2l)	1261 (A3+2l)	1471 (A3+5/2l)

注：有特殊需要的图纸，可采用 $b \times l$ 为 841mm×891mm 与 1189mm×1261mm 的幅面。

2. 格式

图框是图纸上限定绘图区域的线框，是图纸上绘图区域的边界线。图框的格式有横式和立式两种，以短边作为垂直边称为横式，以短边作为水平边称为立式。

横式使用的图纸应如图 1-3（a）~（c）所示规定的形式布置。

(a)　　　　　　　　　　　　　　　　　　　(b)

图 1-3 图框格式

立式使用的图纸应如图 1-3（d）～（f）所示规定的形式布置。

3. 标题栏

由名称及代号区、签字区、更改区和其他区组成的栏目称为标题栏，简称图标。标题栏是用来标明设计单位、工程名称、图名、设计人员签名和图号等内容的，必须画在规定位置，标题栏中的文字方向代表看图方向。应根据工程的需要确定标题栏，格式如图 1-4

所示。涉外工程的标题栏内，各项主要内容的中文下方应附有译文，设计单位的上方或左方应加注"中华人民共和国"字样。

图 1-4　标题栏

4. 会签栏

会签栏是各设计专业负责人签字用的一个表格，如图 1-5 所示。会签栏宜画在图框外侧，如图 1-3（c）、（f）所示。不需会签的图纸可不设会签栏，如图 1-3（a）、（b）、（d）、（e）所示。

5. 对中标志

需要缩微复制的图纸，可采用对中标志。对中标志应画在图纸各边长的中点处，线宽应为 0.35mm，伸入框区内应为 5mm，如图 1-3 所示。

图 1-5　会签栏

二、图线

1. 图线宽度

为了使图样表达统一和使图面清晰，国家标准规定了各类工程图样中图线的宽度 b，绘图时，应根据图样的复杂程度与比例大小，从下列线宽系列中选取粗线宽度，$b = 1.4$mm、1.0mm、0.7mm、0.5mm；工程图样中各种线型分粗、中粗、中、细四种图线宽度。应如表 1-3 所示规定选取。

表 1-3　线宽组　　　　　　　　　　　　　mm

线宽比	线宽组			
b	1.4	1.0	0.7	0.5
$0.7b$	1.0	0.7	0.5	0.35
$0.5b$	0.7	0.5	0.35	0.25
$0.25b$	0.35	0.25	0.18	0.13

注：1. 需要缩微的图纸，不宜采用 0.18mm 及更细的线宽。

2. 同一张图纸内，各不同线宽中的细线，可统一采用较细的线宽组的细线。

图纸的图框和标题栏线，可采用如表 1-4 所示线宽。

表 1-4　图框、标题栏的线宽

幅面代号	图框线	标题栏外框线 对中标志	标题栏分格 线幅面线
A0、A1	b	$0.5b$	$0.25b$
A2、A3、A4	b	$0.7b$	$0.35b$

2. 图线线型及用途

各类图线及其主要用途如表 1-5 所示。

表 1-5　图线及其主要用途

名称		线型	线宽	用途
实线	粗	——————	b	主要可见轮廓线
	中粗	——————	$0.7b$	可见轮廓线、变更云线
	中	——————	$0.5b$	可见轮廓线、尺寸线
	细	——————	$0.25b$	图例填充线、家具线
虚线	粗	― ― ― ― ―	b	见各有关专业制图标准
	中粗	― ― ― ― ―	$0.7b$	不可见轮廓线
	中	－ － － － －	$0.5b$	不可见轮廓线、图例线
	细	- - - - - -	$0.25b$	图例填充线、家具线
单点 长画线	粗	—— · —— · ——	b	见各有关专业制图标准
	中	—— · —— · ——	$0.5b$	见各有关专业制图标准
	细	—— · —— · ——	$0.25b$	中心线、对称线、轴线等
双点 长画线	粗	—— ·· —— ·· ——	b	见各有关专业制图标准
	中	—— ·· —— ·· ——	$0.5b$	见各有关专业制图标准
	细	—— ·· —— ·· ——	$0.25b$	假想轮廓线、成型前原始轮廓线
折断线	细	——─⋀⋁——	$0.25b$	断开界线
波浪线	细	∼∼∼∼	$0.25b$	断开界线

3. 图线的要求及注意事项

① 同一张图纸内，相同比例的各个图样，应选用相同的线宽组；

② 相互平行的图例线，其净间隙或线中间隙不宜小于 0.2mm；

③ 虚线、单点长画线或双点长画线的线段长度和间隔宜各自相等；

④ 单点长画线或双点长画线，当在较小图形中绘制有困难时，可用细实线代替，如图 1-6 所示；

⑤ 单点长画线或双点长画线的两端不应是点，单点长画线的两端应超出形体的轮廓 2～5mm，如图 1-7 所示；

图 1-6　细实线代替单点长画线

图 1-7　单点长画线画法

⑥ 虚线为实线的延长线时，两者之间不得连接，应留有空隙，如图 1-8 所示；

图 1-8　虚线的画法

⑦ 各种图线彼此相交处，都应画成线段，而不应是间隔或画成"点"，如图 1-9 所示；

图 1-9　各种图线彼此相交的画法

⑧ 图线不得与文字、数字或符号重叠、混淆，不可避免时，应首先保证文字的清晰，如图 1-10 所示；

图 1-10　保证文字的清晰

⑨ 各图线用法如图 1-11 所示。

图 1-11　各种图线用法

三、字体

字体指图样上汉字、数字、字母和符号等的书写形式，国家标准规定书写字体均应"字体工整、笔画清晰、排列整齐、间隔均匀"，标点符号应清楚正确。文字、数字或符号的书写大小用号数表示。字体号数表示的是字体的高度，应按表 1-6 所示选择。

表 1-6　字体的高度　　　　　　　　　　　　　　　　　　　　mm

字体种类	汉字矢量字体	Turn type 字体及非汉字矢量字体
字高	3.5、5、7、10、14、20	3、4、6、8、10、14、20

1. 汉字

图样及说明中的汉字应采用国家公布的简化字，宜采用长仿宋体书写，字号一般不小于 3.5，字高与字宽的比例应符合表 1-7 的规定。

表 1-7　长仿宋字高宽关系　　　　　　　　　　　　　　　　　mm

字高	3.5	5	7	10	14	20
字宽	2.5	3.5	5	7	10	14

书写长仿宋体的基本要领：横平竖直、注意起落、结构均匀、填满方格。如图 1-12 所示长仿宋体字示例。

图 1-12　长仿宋字示例

2. 数字和字母

阿拉伯数字、拉丁字母和罗马字母的字体有正体和斜体（向上倾斜 75°）两种写法。它们的字号一般不小于 2.5。拉丁字母示例如图 1-13 所示，罗马数字、阿拉伯数字示例如 1-14 所示。用作指数、分数、注脚等的数字及字母一般应采用逆时针小一号字体。

图 1-13　拉丁字母示例（正体与斜体）

图 1-14　罗马数字、阿拉伯数字示例（正体与斜体）

四、比例

图样中图形与实物相应要素的线性尺寸之比称为比例。绘图所选用的比例是根据图样的用途和被绘对象的复杂程度来确定的。图样一般应选用如表 1-8 所示的常用比例，特殊情况下也可选用可用比例。

表 1-8 绘图比例

常用比例	1：1，1：2，1：5，1：10，1：20，1：30，1：50，1：100，1：150，1：200，1：500，1：1000，1：2000
可用比例	1：3、1：4、1：6、1：15、1：25、1：40、1：60、1：80、1：250、1：300、1：400、1：600、1：5000、
	1：10000、1：20000、1：50000、1：100000、1：200000

比例必须采用阿拉伯数字表示，比例一般应标注在标题栏中的"比例"栏内，如 1：50 或 1：100 等。比例一般注写在图名的右侧，与图名下对齐，比例的字高一般比图名的字高小一号或二号，如图 1-15 所示。

比例分为原值比例、放大比例和缩小比例三种。原值比例即比值为 1：1 的比例；放大比例即为比值大于 1 的比例，如 2：1 等；缩小比例即为比值小于 1 的比例，如 1：2 等。

平面图 1:00   ⑥ 1:20

图 1-15 比例的注写

五、图例

以图形规定出的画法称为图例，图例应按国家标准（以下简称"国标"）规定画法绘出。在识读建筑工程图中，如遇见一些"国标"上没有的图例，应在图纸的适当位置查找。

常用建筑材料图例如表 1-9 所示。

表 1-9 常用建筑材料图例

序号	名称	图例	说明
1	自然土壤		包括各种自然土壤
2	夯实土壤		
3	砂、灰土		靠近轮廓线点较密
4	砂砾石、碎砖、三合土		
5	焦渣、矿渣		包括与水泥、石灰等混合而成的材料
6	毛石		
7	普通砖		1. 包括砌体、砌块 2. 断面较窄，不易画出图例线时可涂红
8	混凝土		1. 本图例仅适用于能承重的混凝土及钢筋混凝土 2. 包括各种标号、骨料、添加剂的混凝土 3. 在剖面图上画出钢筋时，不画图例线 4. 断面较窄，不易画出图例线时，可涂黑
9	钢筋混凝土		
10	木材		1. 上图为横断面，下图左为垫木、木砖、木龙骨 2. 下图中右为纵断面

续表

序　号	名称	图例	说明
11	多孔材料		包括水泥珍珠岩、沥青珍珠岩、泡沫混凝土、非承重加气混凝土、泡沫塑料、软木等
12	金属		1. 包括各种金属 2. 图形小时，可涂黑

注：图例中的斜线一律为45°。

六、尺寸标注

图形只能表达形体的形状，而形体的大小则必须依据图样上标注的尺寸来确定。尺寸标注是绘制工程图样的一项重要内容，是施工的依据，应严格遵照国家标准中的有关规定，保证所标注的尺寸完整、清晰、准确。

1. 尺寸的组成与基本规定

图样上的尺寸由尺寸界线、尺寸线、起止符号和尺寸数字四部分组成，如图1-16（a）所示。

图1-16　尺寸的组成与标注示例

① 尺寸界线　用细实线绘制，表示被注尺寸的范围。一般应与被注长度垂直，其一端应离开图样轮廓线不小于2mm，另一端宜超出尺寸线2～3mm，见图1-16（a）。必要时，图样轮廓线可用作尺寸界线，见图1-16（b）中的240和3360。

② 尺寸线　表示被注线段的长度。用细实线绘制，不能用其他图线代替。尺寸线应与被注长度平行，且不宜超出尺寸界线。每道尺寸线之间的距离一般为7mm，见图1-16（b）。

③ 起止符号　一般应用中粗斜短线绘制，其倾斜方向与尺寸界线成顺时针45°角，高度 h 宜为2～3mm，见图1-17（a）。半径、直径、角度与弧长的尺寸起止符号应用箭头表示，箭头尖端与尺寸界线接触，不得超出也不得分开，见图1-17（b）。

④ 尺寸数字　表示被注尺寸的实际大小，它与绘图所选用的比例和绘图的准确程度无关。图样上的尺寸应以尺寸数字为准，不得从图上直接量取。尺寸的单位除标高和总平面图以 m（米）为单位外，其他一律以 mm（毫米）为单位，图样上的尺寸数字不再注写单位。同一张图样中，尺寸数字的大小应一致。

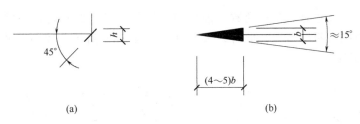

图 1-17　尺寸起止符号

尺寸数字应按图 1-18（a）规定的方向注写。若尺寸数字在 30°斜线区内，宜按图 1-18（b）所示的形式注写。

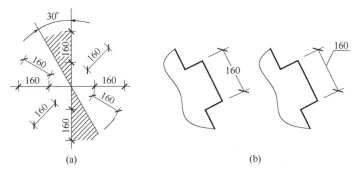

图 1-18　尺寸数字的注写

⑤ 尺寸的排列与布置　尺寸宜标注在图样轮廓线以外，不宜与图线、文字及符号等相交；互相平行的尺寸线，应从图样轮廓线由内向外整齐排列，小尺寸在内，大尺寸在外；尺寸线与图样轮廓线之间的距离不宜小于 10mm，尺寸线之间的间距为 7～10mm，并保持一致，见图 1-16（b）。

狭小部位的尺寸界线较密，尺寸数字没有位置注写时，最外边的尺寸数字可写在尺寸界线外侧，中间相邻的可错开或引出注写，见图 1-19。

图 1-19　狭小部位的尺寸标注

2. 半径、直径、球的尺寸标注

半径的尺寸线应一端从圆心开始，另一端画箭头指向圆弧。半径数字前应加注符号"R"，如图 1-20（a）所示。较小的圆弧半径，可如图 1-20（b）所示标注。较大的圆弧半径，可如图 1-20（c）所示标注。

图 1-20　半径的尺寸标注

标注圆的直径尺寸时，在直径数字前应加注符号"φ"。在圆内标注的直径尺寸线应通过圆心画成斜线，两端画箭头指向圆弧，如图 1-21（a）所示。较小圆的直径，可如图 1-21（b）所示标注。

(a)   (b)

图 1-21　直径的尺寸标注

标注球的直径或半径尺寸时，应在直径或半径数字前加注符号"Sφ"或"SR"，注写方法与半径和直径相同，如图 1-22 所示。

直径尺寸线、半径尺寸线不可用中心线代替。

图 1-22　直径、半径及球径的尺寸标注

3. 角度、弧长、弦长的尺寸标注

① 角度的尺寸线画成圆弧，圆心应是角的顶点，角的两条边为尺寸界线。角度数字一律水平书写。如果没有足够的位置画箭头，可用圆点代替箭头，如图 1-23（a）所示。

② 标注圆弧的弧长时，尺寸线应以与该圆弧线同心的圆弧表示，尺寸界限垂直于该圆弧的切线方向，用箭头表示起止符号，弧长数字的上方应加注圆弧符号，如图 1-23（b）所示。

③ 标注圆弧的弦长时，尺寸线应以平行于该弦的直线表示，尺寸界限垂直于该弦，起止符号以中粗斜短线表示，如图 1-23（c）所示。

(a)   (b)   (c)

图 1-23　角度、弧长、弦长的尺寸标注

4. 坡度、薄板厚度、正方形、非圆曲线等的尺寸标注

① 坡度可采用百分数或比例的形式标注。在坡度数字下，应加注坡度符号：单面箭

头如图 1-24（a）所示或双面箭头如图 1-24（b）所示。箭头应指向下坡方向，如图 1-24（c）、（d）所示；坡度也可用直角三角形形式标注，如图 1-24（e）、（f）所示。

图 1-24　坡度的尺寸标注

② 在薄板板面标注板的厚度时，应在表示厚度的数字前加注符号"t"，如图 1-25 所示。

③ 在正方形的一边标注正方形的尺寸，可以采用"边长×边长"表示法，如图 1-26（a）所示。也可以在边长数字前加注表示正方形的符号"□"，如图 1-26（b）所示。

图 1-25　薄板厚度的尺寸标注

图 1-26　正方形的尺寸标注

④ 外形为非圆曲线的构件，一般用坐标形式标注尺寸，如图 1-27 所示。

⑤ 复杂的图形，可用网格形式标注尺寸，如图 1-28 所示。

图 1-27　非圆曲线的尺寸标注

图 1-28　复杂图形的尺寸标注

5. 尺寸的简化标注

① 杆件或管线的长度，在单线图（如桁架简图、钢筋简图、管线简图等）上，可直接将尺寸数字沿杆件或管线的一侧注写，但读数方法依旧按前述规则执行，如图 1-29 所示。

(a)   (b)

图 1-29　杆件长度的尺寸标注

② 连续排列的等长尺寸，可采用"个数×等长尺寸＝总长"或"总长（等分个数）"的形式表示，如图 1-30 所示。

(a)   (b)

图 1-30　等长尺寸的尺寸标注

③ 构配件内具有诸多相同构造要素（如孔、槽）时，可只标注其中一个要素的尺寸，如图 1-31 所示。

图 1-31　相同构造要素的尺寸标注

图 1-32　对称杆件的尺寸标注

④ 对称构配件采用对称省略画法时，该对称构配件的尺寸线应略超过对称符号，仅在尺寸线的一端画尺寸起止符号，尺寸数字应按整体全尺寸注写，其注写位置宜与对称符号对齐，如图 1-32 所示。

⑤ 两个构配件，如个别尺寸数字不同，可在同一图样中将其中一个构配件的不同尺寸数字注写在括号内，该构配件的名称也应注写在相应的括号内，如图 1-33 所示。

图 1-33　形状相似构件的尺寸标注

⑥ 数个构配件，如仅某些尺寸不同，这些有变化的尺寸数字，可用拉丁字母注写在同一图样中，其具体尺寸另列表格写明，如图 1-34 所示。

构件编号	a	b	c
Z-1	200	200	200
Z-2	250	450	200
Z-3	200	450	250

图 1-34 多个相似构配件尺寸的列表标注

七、建筑模数

建筑模数是指选定的标准尺寸单位，作为尺度协调中的增值单位，也是建筑设计、建筑施工、建筑材料与制品、建筑设备、建筑组合件等各部门进行尺度协调的基础，其目的是使构配件安装吻合，并有互换性，包括基本模数和导出模数两种。

1. 基本模数

基本模数是模数协调选用的基本尺寸单位。数值为 100mm，符号为 M（1M＝100mm），整个建筑物及其一部分或建筑组合构件的模数化尺寸应为基本模数的倍数。

2. 导出模数

导出模数是在基本模数的基础上发展出来的，相互之间存在某种内在联系的模数，包括扩大模数和分模数两种。

（1）扩大模数

扩大模数是基本模数的整数倍数。水平扩大模数基数为 3M、6M、12M、15M、30M、60M，其相应的尺寸为 300mm、600mm、1200mm、1500mm、3000mm、6000mm。竖向扩大模数基数为 3M、6M，其相应的尺寸为 300mm、600mm。

（2）分模数

分模数是用整数去除基本模数的数值。分模数基数为 1/10M、1/5M、1/2M，其相应的尺寸为 10mm、20mm、50mm。

3. 模数系列

模数系列是以选定的模数基数为基础而展开的模数系统。它可以保证不同建筑及其组成部分之间尺度的协调统一，有效减少建筑尺寸的种类，确保尺寸合理并有一定的灵活性，除特殊情况，建筑物的所有尺寸均应满足模数系列的要求，模数系列幅度规定如下：

① 水平基本模数的数列幅度为 1M～20M。

② 竖向基本模数的数列幅度为 1M～36M。

③ 水平扩大模数的数列幅度：3M 为（3～75）M；6M 为（6～96）M；12M 为（12～120）M；15M 为（15～120）M；30M 为（30～360）M；60M 为（60～360）M，必要时幅度不限。

④ 竖向扩大模数的数列幅度不受限制。

⑤ 分模数的数列幅度：1/10 M 为 (1/10～2)M，1/5 M 为 (1/5～4)M；1/2 M 为 (1/2～10)M。

4. 模数的适用范围

① 基本模数主要用于门窗洞口、建筑物的层高以及构配件断面尺寸。

② 扩大模数主要用于建筑物的开间或柱距、进深或跨度、构配件尺寸和门窗洞口尺寸。

③ 分模数主要用于缝隙、构造节点、构配件断面尺寸。

第二章

建筑识图的投影基础

在三维空间中，点、线、面是空间的几何元素，它们没有大小、宽窄、厚薄，由它们构成的空间形状叫作形体。将空间的三维形体转变为平面的二维图形是通过投影法来实现的。

第一节　投影及其特性

一、投影的概念

在日常生活中，有一种常见的自然现象：当光线照在形体上时，地面或墙面上必然会产生影子，这就是投影的现象。这种影子只能反映形体的外形轮廓，不能反映内部情况。人们在这种自然现象的基础上，对影子的产生过程进行了科学的抽象，即把光线抽象为投射线，把物体抽象为形体，把地面抽象为投影面，于是就创造出投影的方法。当投射线投射到形体上，就在投影面上得到了形体的投影，这个投影称为投影图，如图 2-1 所示。

投射线、投影面、形体（被投影对象）是产生投影的三要素。

二、投影的分类

投影法是研究投射线、投影面、形体（被投影对象）三者之间的关系的，随着三者位置的变化，形成了不同的投影方法。其分类如下：

（1）中心投影法

当投影中心距离投影面有限远，所有投射线都通过投射中心时，这种对形体进行投影的方法称为中心投影法，如图 2-2 所示。用中心投影法所得到的投影称为中心投影。由于中心投影法的各投射线对投影面的倾角不同，因而得到的投影与被投影对象在形状和大小上有着比较复杂的关系。

（2）平行投影法

若将投射中心移向无穷远处，则所有的投射线变成互相平行，这种对形体进行投影的方法称为平行投影法，如图 2-3 所示。平行投影法又分为斜投影法和正投影法两种。

① 斜投影法　平行投影法中，当投射线倾斜于投影面时，这种对形体进行投影的方

图 2-1 投影的形成   图 2-2 中心投影法

(a) 斜投影法   (b) 正投影法

图 2-3 平行投影法

法称为斜投影法，如图 2-3 (a) 所示。用斜投影法所得到的投影称为斜投影。由于投射线的方向以及投射线与投影面的倾角 θ 有无穷多种情况，故斜投影也可绘出无穷多种；但当投射线的方向和 θ 一定时，其投影是唯一的。

② 正投影法　平行投影法中，当投射线垂直于投影面时，这种对形体进行投影的方法称为正投影法，如图 2-3 (b) 所示。用正投影法所得到的投影称为正投影。由于平行投影是中心投影的特殊情况，而正投影又是平行投影的特殊情况，因而它的规律性较强，所以工程上把正投影作为工程图的绘图方法。

三、投影的基本性质

研究投影的基本性质，目的是找出空间几何元素本身与其在投影面上投影之间的内在联系，作为绘图和读图的依据。以下的几种性质是在正投影的情况下讨论的，其实也适用于斜投影的情况。

① 显实性　当直线段或平面平行于投影面时，其投影反映实长或实形。如图 2-4 所示，若 $AB /\!/ H$，则 $ab = AB$；若 $\triangle CDE /\!/ H$，则 $\triangle cde \cong \triangle CDE$。

② 积聚性　当直线或平面垂直于投影面时，其投影积聚为一点或一条直线。如图 2-5 所示，若 $AB \perp H$，则 AB 的水平投影 ab 积聚为点；若 $\triangle CDE \perp H$，则其水平投影 $\triangle cde$ 积聚为直线。

③ 类似性　当直线或平面不平行于投影面时，其正投影小于其实长或实形。如图 2-6 所示，若 $AB \angle H$，则 AB 的水平投影 ab 的长度小于 AB；若 $\triangle CDE \angle H$，则其水平投影 $\triangle cde$

的面积小于△CDE 的实际面积。但其斜投影则可能大于或等于或小于其实长或实形。

图 2-4 显实性

图 2-5 积聚性

图 2-6 类似性

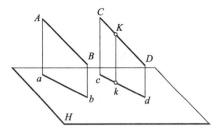

图 2-7 平行性、从属性、定比性

④ 平行性 当空间两直线互相平行时，它们的投影一定互相平行，而且它们的投影长度之比等于空间长度之比。如图 2-7 所示 AB 和 CD 两条直线，若 $AB/\!/CD$，则 $ab/\!/cd$，且 $AB : CD = ab : cd$。

⑤ 从属性 属于直线上的点，其投影必从属于该直线的投影。如图 2-7 所示 CD 直线上点 K，若 $K \in CD$，则 $k \in cd$。

⑥ 定比性 点在直线上，点分线段的比例等于该点的投影分线段的投影所成的比例。如图 2-7 所示，若 $K \in CD$，则 $CK : KD = ck : kd$。

四、正投影图及其特性

1. 正投影图的形成

用正投影法所绘制的投影图称为正投影图。

将形体向一个投影面作正投影所得到的投影图称形体的单面投影图。形体的单面投影图不能反映形体的真实形状和大小，也就是说，根据单面投影图不能唯一确定一个形体的空间形状，如图 2-8 所示。

图 2-8 形体的单面投影

将形体向互相垂直的两个投影面作正投影所得到的投影图称形体的两面投影图。根据两个投影面上的投影图来分析空间形体的形状时，有些情况下得到的答案也不是唯一的，如图 2-9 所示。

(a) 投影图　　　　　　　　　(b) 两面投影均相同的物体实例

图 2-9　形体的两面投影

将形体向互相垂直的三个投影面作正投影所得到的投影图称形体的三面投影图。这是工程实践中最常用的投影图。

图 2-10（a）就是把一个形体分别向三个相互垂直的投影面 H、V、W 作正投影的情形，图 2-10（b）、（c）是将形体移走后，将投影面连同形体的投影展开到一个平面上的方法；图 2-10（d）是去掉投影面边框后得到的三面投影图。

按多面投影法绘图不但简便，而且易于度量，所以在工程上应用最为广泛。这种图示法的缺点是所绘的图形直观性较差。

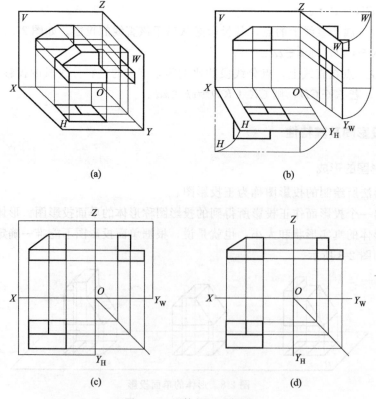

(a)　　　　　　　　　　　(b)

(c)　　　　　　　　　　　(d)

图 2-10　形体的三面投影

如图 2-10（a）所示，选择三个互相垂直的平面作为投影面，建立了三投影面体系。其中水平放置的投影面称为水平投影面，简称水平面，用字母 H 表示；立在正面的投影面称为正立投影面，简称正面，用字母 V 表示；而立在右侧面的投影面称为侧立投影面，简称侧面，用字母 W 表示。三投影面的交线 OX、OY、OZ 称为投影轴。把被投影的形体放在这三个互相垂直的投影面体系中，并将形体分别向三个投影面作投射。在 H 面上的投影称为水平投影，在 V 面上的投影称为正面投影，在 W 面上的投影称为侧面投影。

建筑制图标准中规定：形体的可见轮廓线画成粗实线，不可见轮廓线画成虚线。

画投影图时需要把三个投影面展开成一个平面。展开的方法是：正立投影面（V 面）保持不动，水平投影面（H 面）绕 OX 轴向下旋转 90°，侧立投影面（W 面）绕 OZ 轴向右旋转 90°。此时，OY 轴被一分为二，随 H 面的轴记为 OY_H，随 W 面的轴记为 OY_W，见图 2-10（b）。形体在各投影面上的投影也随其所在的投影面一起旋转，就得到了在同一平面上的三面投影图，见图 2-10（c）。为简化作图，在三面投影图中可以不画投影面的边框和投影轴，投影之间的距离可根据具体情况而定，见图 2-10（d）。

2. 正投影图的特性

① 由图 2-10、图 2-11（b）可以看出，形体的三面投影之间存在着一定的联系：正面投影和水平投影具有相同的长度，正面投影和侧面投影具有相同的高度，水平投影与侧面投影具有相同的宽度。因此，常用"长对正，高平齐，宽相等"概括形体三面投影的规律，简称"三等关系"。上述投影规律对形体的整体尺寸、局部尺寸、每个点都适用。

② 由图 2-11（a）可以看到，空间形体有上、下、左、右、前、后六个方向，它们在三面投影图中也能够准确地反映出来，见图 2-11（c）。在投影图上正确识别形体的方向，是正确识图所必需的。

(a)　　　　　　　　　　(b)　　　　　　　　　　(c)

图 2-11　形体的方向

第二节　点、线、面的投影

一、点的投影

1. 点的三面投影及投影规律

将一空间点 A 置于三投影面体系中，由点 A 分别向 H、V 和 W 面投射，可得到点 A

的水平投影 a、正面投影 a' 和侧面投影 a''。空间点用大写字母表示,例如 A;水平投影用相应的小写字母表示,例如 a;正面投影用相应的小写字母加 "'" 表示,例如 a';侧面投影用相应的小写字母加 """ 表示,例如 a'',见图 2-12 (a)。

将各投影面展开后,得到点 A 的三面投影图,见图 2-12 (b)。通常在投影图中不画投影面的边框,见图 2-12 (c)。

(a)　　　　　　　　　　　(b)　　　　　　　　　　　(c)

图 2-12　点的三面投影

从图中可见,点的三面投影之间有如下的投影规律:

① 点的正面投影与水平投影的连线垂直于 OX 轴,即 $a'a \perp OX$;

② 点的正面投影与侧面投影的连线垂直于 OZ 轴,即 $a'a'' \perp OZ$;

③ 点的水平投影到 OX 轴的距离,等于其侧面投影到 OZ 轴的距离,即 $aa_x = a''a_z$。

可见,点的投影规律与三面投影的规律 "长对正,高平齐,宽相等" 是完全一致的。

用作图方法表示 a 与 a'' 的关系时,可以用 $aa_x = a''a_z$;也可以原点 O 为圆心,以 Oa_y 为半径作圆弧求得;或自点 O 作 45°辅助线求得,见图 2-12 (c)。

例 2-1　如图 2-13 (a) 所示,已知空间点 A 的正面投影 a' 和水平投影 a,求作该点的侧面投影 a''。

分析:已知点的两面投影求作点的第三面投影,利用的是点的投影规律。本例已知点的正面和水平投影求作侧面投影,要用到 "宽相等",即点到 V 面的距离。共有四种作图方法。

作图步骤:

(1) 方法一:由 a' 作 OZ 轴的垂线与 OZ 轴交于 a_z,在此垂线上自 a_z 向前量取 $a_z a'' = aa_x$,则得到点 A 的侧面投影 a'',如图 2-13 (b) 所示。

(2) 方法二:由 a' 作 OZ 轴的垂线与 OZ 轴交于 a_z,并延长;过 a 作 OY_H 轴垂线与 OY_H 轴相交得 a_y 点;以 O 为圆心,以 Oa_y 长为半径画弧与 OY_W 轴相交得 a_y 点;过 a_y 作 OY_W 轴垂线与过 a' 所作 OZ 轴垂线的延长线相交,即得点 A 的侧面投影 a'',如图 2-13 (c) 所示。

(3) 方法三:由 a' 作 OZ 轴的垂线与 OZ 轴交于 a_z,并延长;过 a 作 OY_H 轴垂线与 OY_H 轴相交得 a_y 点;过 a_y 点,作与 OY_H 轴成 45°直线,与 OY_W 轴相交得 a_y 点;过 a_y 作 OY_W 轴垂线与过 a' 所作 OZ 轴垂线的延长线相交,即得点 A 的侧面投影 a'',如图 2-13 (d) 所示。

(4) 方法四:作 $Y_H O Y_W$ 的角平分线 (45°直线);过 a' 作 OZ 轴的垂线与 OZ 轴交于 a_z,并延长;过 a 作 OY_H 轴垂线与 OY_H 轴相交于 a_y 点,延长与 45°角平分线相交;过

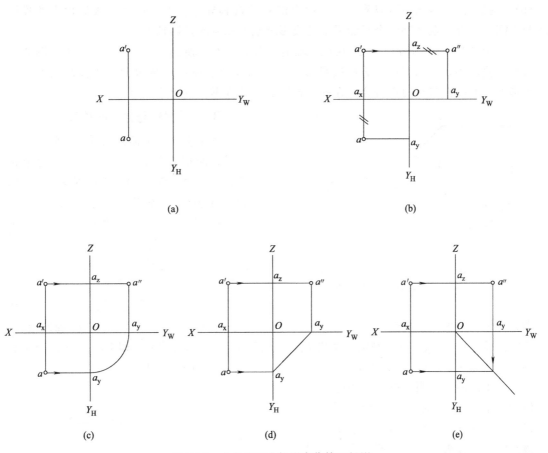

图 2-13　由点的两个投影求作第三投影

交点作 OY_W 轴垂线与 OY_W 轴相交得 a_y 点；过 a_y 作 OY_W 轴垂线与过 a' 所作 OZ 轴垂线的延长线相交，即得点 A 的侧面投影 a''，如图 2-13（e）所示。

2. 投影面和投影轴上点的投影

如图 2-14（a）所示，点 A 在 V 面上，点 B 在 H 面上，点 C 在 W 面上，图 2-14

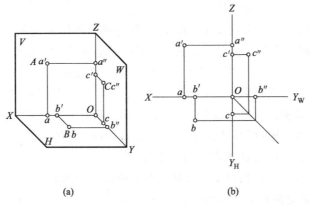

图 2-14　投影面上点的投影

（b）是投影图，从图中可以看出投影面上的点的投影规律：点在所在的投影面上的投影与空间点重合，在另外两个投影面上的投影分别在相应的投影轴上。

如图 2-15（a）所示，点 A 在 OX 轴上，点 B 在 OY 轴上，点 C 在 OZ 轴上，图 2-15（b）是投影图，从图中可以看出投影轴上的点的投影规律：点在包含这条投影轴的两个投影面上的投影与空间点重合，在另一投影面上的投影与投影原点重合。

(a)　　　　　(b)

图 2-15　投影轴上点的投影

3. 点的投影与坐标的关系

如果把三投影面体系看作空间直角坐标系，即把投影面 H、V、W 视为坐标面，投影轴 OX、OY、OZ 视为坐标轴，则点 A 到三个投影面的距离 Aa''、Aa'、Aa 可用点 A 的三个直角坐标 x_A、y_A 和 z_A 来表示，记为 $A(x_A, y_A, z_A)$，见图 2-16（a）。这样，点 A 的三个投影 a、a' 和 a'' 也可以用坐标来确定，如水平投影 a 可由 x_A 和 y_A 确定，反映了点 A 到 W 面和 V 面的距离；正面投影 a' 可以由 x_A 和 z_A 确定，反映了点 A 到 W 面和 H 面的距离；侧面投影 a'' 可由 y_A 和 z_A 确定，反映了点 A 到 V 面和 H 面的距离。即空间点 A 的三个投影的坐标分别是：$a(x_A, y_A)$、$a'(x_A, z_A)$、$a''(y_A, z_A)$，见图 2-16（b）。

由于点的任意两个投影的坐标值中包含了该点的三个坐标，所以，由点的任意两个投影可以求出该点的第三投影；同样，若给出点的三个坐标，则该点在三投影面体系中的投影也是唯一确定的。

4. 两点间的相对位置

两点间的相对位置是指上下、前后、左右的位置关系。V 面投影反映出形体的上下、左右关系；H 面投影反映出形体的左右、前后关系；W 面投影反映出形体的前后、上下关系。由此可

(a)　　　　　(b)

图 2-16　点的投影与坐标的关系

见，空间两个点的相对位置，在它们的三面投影中完全可以反映出来。

如图 2-17 所示，将 A、B 两点的投影进行比较，即可分析两点的相对位置。

① 从正面投影及水平投影可以看出，$x_A > x_B$，即点 A 在点 B 左面；

② 从水平投影及侧面投影可以看出，$y_A > y_B$，即点 A 在点 B 前面；

③ 从正面投影及侧面投影可以看出，$z_A < z_B$，即点 A 在点 B 下面。

比较结果是：点 A 在点 B 的左、前、下方。

如果图 2-17 中的 A、B 两点是长方体的两个顶点，如图 2-18（a）所示，那么，这个长方体的尺寸，就是这两点的坐标差：高 $= |z_A - z_B|$；长 $= |x_A - x_B|$；宽 $= |y_A - y_B|$。

只要保持坐标差数值不变，改变长方体与投影面的距离，并不影响长方体的尺寸，如

(a) 立体图　　　　　　　　　　(b) 投影图

图 2-17　两点的相对位置

图 2-18（b）所示，所以画图时可以不画投影轴，如图 2-18（c）所示。不设投影轴的投影图称为无轴投影图。

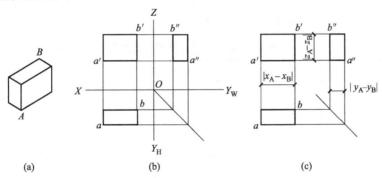

(a)　　　　　(b)　　　　　(c)

图 2-18　长方体中两点的相对位置

　　画形体的三面投影时，往往都是利用相对坐标作图，因此，工程中所绘制的投影图基本上都是使用这种无轴投影图。

　　根据点的三面投影规律，以及空间点的相对位置，可以进一步了解为什么形体的三个投影会保持"长对正，高平齐，宽相等"的投影规律。

5. 重影点及其可见性

　　在某一投影面上投影重合的两个点，称为该投影面的重影点。见图 2-19（a），A、B两点的 x、z 坐标相等，而 y 坐标不等，则它们的正面投影重合为一点，所以 A、B 两个点就是 V 面的重影点。同理，C、D 两点的水平投影重合为一点，所以 C、D 两个点就是 H 面的重影点。

　　在投影图中往往需要判断并标明重影点的可见性。如 A、B 两点向 V 面投射时，由于点 A 的 y 坐标大于点 B 的 y 坐标，即点 A 在点 B 的前方，所以，点 A 的 V 面投影 a' 可见，点 B 的 V 面投影 b' 不可见。通常在不可见的投影标记上加括号表示。见图 2-19（b），A、B 两点的 V 面投影为 $a'(b')$。同理，图 2-19（a）中的 C、D 两点是 H 面的重影点，其 H 面的投影为 $c(d)$，见图 2-19（b）。由于点 C 的 z 坐标大于点 D 的 z 坐标，

图 2-19 重影点及其可见性

即点 C 在点 D 的上方，故点 C 的 H 面投影 c 可见，点 D 的 H 面投影 d 不可见，其 H 面投影为 c（d）。

由此可见，当空间两点有两对坐标对应相等时，则此两点一定为某一投影面的重影点；而重影点的可见性是由不相等的那个坐标决定的：坐标大的投影为可见，坐标小的投影为不可见。重影点在立体表面的应用见表 2-1。

表 2-1　重影点在立体表面的应用

名称	水平重影点	正面重影点	侧面重影点
形体表面上的点			
立体图			
投影图			
投影特性	1. 正面投影和侧面投影反映两点的上下位置，上面一点可见，下面一点不可见 2. 两点水平投影重合，不可见的点 B 的水平投影用(b)表示	1. 水平投影和侧面投影反映两点的前后位置，前面一点可见，后面一点不可见 2. 两点正面投影重合，不可见的点 B 的正面投影用(b')表示	1. 水平投影和正面投影反映两点的左右位置，左面一点可见，右面一点不可见 2. 两点侧面投影重合，不可见的点 B 的侧面投影用(b'')表示

二、直线的投影

直线通常用线段来表示，在不考虑线段本身的长度时，也常把线段称为直线。直线的投影一般仍为直线，特殊情况投影为点，如图 2-20（a）所示。从几何学得知，直线的空间位置可以由直线上任意两点的位置来确定。因此，直线的投影可以由直线上两点在同一投影面上的投影（称为同面投影）相连而得。例如，要作出直线 AB 的三面投影，可以首先作出直线两端点 A 和 B 的三面投影 a、a′、a″和 b、b′、b″，见图 2-20（b），然后将其同面投影相连，即得到直线 AB 的三面投影 ab、a′b′、a″b″，一般画成粗实线，见图 2-20（c）。

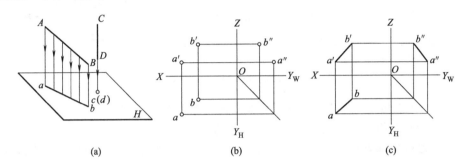

图 2-20 直线的投影

直线按其与投影面相对位置的不同，可以分为一般位置直线、投影面平行线和投影面垂直线，后两种直线统称为特殊位置直线。

1. 一般位置直线

同时倾斜于三个投影面的直线称为一般位置直线。空间直线与投影面之间的夹角称为直线对投影面的倾角。直线对 H 面的倾角用 α 表示，直线对 V 面的倾角用 β 表示，直线对 W 面的倾角用 γ 表示。一般位置直线的投影与投影轴之间的夹角不反映 α、β、γ 的真实大小，见图 2-21。

图 2-21 一般位置直线的实长与倾角

一般位置直线的投影特点如下：

① 一般位置直线的三个投影均为直线，而且投影长度都小于线段的实长；

② 一般位置直线的三个投影都倾斜于投影轴，且与投影轴的夹角均不反映空间直线与投影面倾角的真实大小。

一般位置直线的投影不反映线段的真实长度，也不反映它对各投影面的倾角的真实大小。但是，如果已知直线的两个投影，就可以在投影图上作出线段的实长及其对各投影面的倾角。工程上常用的方法是直角三角形法，见图 2-22。

在直角三角形中有四个参数：投影、坐标差、实长、倾角，它们之间的关系如图 2-22 所示。我们利用线段的任意一个投影和相应的坐标差，均可求出线段的实长；但所用投影不同（H 面、V 面、W 面投影），则求得的倾角亦不同（对应的倾角分别为 α、β、γ）。

图 2-22 直角三角形法中各参数的关系

上述利用作直角三角形求线段实长和倾角的作图要领归结如下：

① 以线段在某投影面上的投影长为一直角边；

② 以线段的两端点相对于该投影面的坐标差为另一直角边（该坐标差可在线段的另一投影上量得）；

③ 所作直角三角形的斜边即为线段的实长；

④ 斜边与线段投影的夹角为线段对该投影面的倾角。

2. 投影面平行线

平行于一个投影面，同时倾斜于另两个投影面的直线，称为投影面平行线。平行于水平投影面的直线称为水平线；平行于正立投影面的直线称为正平线；平行于侧立投影面的直线称为侧平线。投影面平行线的投影特性见表 2-2。

表 2-2 投影面平行线的投影特性

名 称	水 平 线	正 平 线	侧 平 线
形体表面上的线			
立体图			

名 称	水 平 线	正 平 线	侧 平 线
投影图			
投影特性	1. $ab=AB$ 2. $a'b' /\!/ OX$；$a''b'' /\!/ OY_W$ 3. ab 与 OX 所成的 β 角等于 AB 与 V 面所成的倾角；ab 与 OY_H 所成的 γ 角等于 AB 与 W 面所成的倾角	1. $c'd'=CD$ 2. $cd /\!/ OX$；$c''d'' /\!/ OZ$ 3. $c'd'$ 与 OX 所成的 α 角等于 CD 与 H 面的倾角；cd' 与 OZ 所成的 γ 角等于 CD 与 W 面的倾角	1. $e''f''=EF$ 2. $e'f' /\!/ OZ$；$ef /\!/ OY_H$ 3. $e''f''$ 与 OY_W 所成的 α 角等于 EF 与 H 面的倾角；$e'f'$ 与 OZ 所成的 β 角等于 EF 与 V 面的倾角
共性	1. 直线在其所平行投影面的投影反映直线的实长（显实性），该投影与相应投影轴的夹角反映直线与另外两个投影面的倾角 2. 直线在另外两个投影面的投影平行于该直线所平行投影面的坐标轴，且均小于直线的实长		

3. 投影面垂直线

垂直于某一投影面，同时平行于另两个投影面的直线，称为投影面垂直线。垂直于水平投影面的直线称为铅垂线；垂直于正立投影面的直线称为正垂线；垂直于侧立投影面的直线称为侧垂线。投影面垂直线的投影特性见表 2-3。

表 2-3 投影面垂直线的投影特性

名 称	铅 垂 线	正 垂 线	侧 垂 线
形体表面上的线			
立体图			

续表

名　称	铅垂线	正垂线	侧垂线
投影图			
投影特性	1. $a(b)$积聚为一点 2. $a'b'\perp OX$，$a''b''\perp OY_W$ 3. $a'b'=a''b''=AB$	1. $c'(b')$积聚为一点 2. $cb\perp OX$，$c''b''\perp OZ$ 3. $cb=c''b''=CB$	1. $d''(b'')$积聚为一点 2. $db\perp OY_H$，$d'b'\perp OZ$ 3. $db=d'b'=DB$
共性	1. 直线在其所垂直的投影面的投影积聚为一点（积聚性） 2. 直线在另外两个投影面的投影反映直线的实长（显实性），并且垂直于相应的投影轴		

应该注意投影面平行线与投影面垂直线两者之间的区别。例如，铅垂线垂直于 H 面，且同时平行于 V 面和 W 面，但该直线不能称为正平线或侧平线，而只能称为铅垂线。

空间两直线的相对位置关系有平行、相交和交叉三种情况。

三、平面的投影

1. 平面的表示法

平面的空间位置可以用确定该平面的几何元素的投影来确定和表示，常见有五种形式，见图 2-23。

① 不在同一直线上的三点，见图 2-23（a）；

② 一直线和直线外一点，见图 2-23（b）；

③ 两相交直线，见图 2-23（c）；

④ 两平行直线，见图 2-23（d）；

⑤ 任意一平面图形，见图 2-23（e）。

图 2-23　平面的表示法

平面按其对投影面相对位置的不同，分为一般位置平面、投影面平行面和投影面垂直面，后两种平面统称为特殊位置平面。

2. 一般位置平面

对三个投影面都倾斜的平面，称为一般位置平面，见图 2-24。

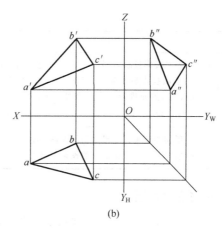

图 2-24　一般位置平面的投影

　　一般位置平面的投影特点：它的三个投影既不反映实形，也不积聚为一直线，而只具有与其空间形状的类似性。

3. 投影面平行面

　　平行于一投影面，称为投影面平行面。平行于水平投影面的平面称为水平面；平行于正立投影面的平面称为正平面；平行于侧立投影面的平面称为侧平面。投影面平行面的投影特性见表 2-4。

表 2-4　投影面平行面的投影特性

名　　称	水　平　面	正　平　面	侧　平　面
形体表面上的面			
立体图			
投影图			

名　称	水　平　面	正　平　面	侧　平　面
投影特性	1. 水平投影反映实形 2. 正面投影有积聚性,且平行于 OX 轴;侧面投影也有积聚性,且平行于 OY_W 轴	1. 正面投影反映实形 2. 水平投影有积聚性,且平行于 OX 轴;侧面投影也有积聚性,且平行于 OZ 轴	1. 侧面投影反映实形 2. 正面投影有积聚性,且平行于 OZ 轴;水平投影也有积聚性,且平行于 OY_H 轴
共性	1. 平面在所平行的投影面的投影反映实形(显实性) 2. 在另外两个投影面上的投影积聚成一条直线(积聚性),该直线平行于相应的坐标轴		

4. 投影面垂直面

垂直于某一投影面,同时倾斜于另两个投影面的平面,称为投影面垂直面。垂直于水平投影面的平面称为铅垂面;垂直于正立投影面的平面称为正垂面;垂直于侧立投影面的平面称为侧垂面。投影面垂直面的投影特性见表2-5。

表 2-5　投影面垂直面的投影特性

名　称	铅　垂　面	正　垂　面	侧　垂　面
形体表面上的面			
立体图			
投影图			
投影特性	1. 水平投影积聚成直线 p,且与其水平连线重合,该直线与 OX 轴和 OY_H 轴夹角反映 β 和 γ 角 2. 正面投影和侧面投影为平面的类似形	1. 正面投影积聚成直线 q',且与其正面连线重合,该直线与 OX 轴和 OZ 轴夹角反映 α 和 γ 角 2. 水平投影和侧面投影为平面的类似形	1. 侧面投影积聚成直线 r'',且与其侧面连线重合,该直线与 OY_W 轴和 OZ 夹角反映 α 和 β 角 2. 正面投影和水平投影为平面的类似形

续表

名　称	铅　垂　面	正　垂　面	侧　垂　面
共性	1. 平面在其所垂直的投影面上的投影积聚成一条直线（积聚性）；它与两投影轴的夹角，分别反映空间平面与另外两个投影面的倾角 2. 另外两个投影面的投影为空间平面图形的类似形（边数相同、形状相像的图形）		

直线与平面、平面与平面的相对位置关系有平行、相交（包括垂直）两种。

第三节　立体的投影

一、基本几何体

建筑上的形体，不管它的构造多么复杂，都可以看作是由若干基本几何体按一定的方式组合而成的。这些简单的立体称为基本几何体，常见的基本几何体有平面立体和曲面立体两类。

1. 平面立体的投影

表面由平面所围成的立体称为平面立体。在建筑工程中，建筑物以及组成建筑物的构配件大多是平面立体，如梁、板、柱等。平面立体的形状多种多样，最常见的有棱柱和棱锥。

（1）棱柱的投影

棱柱的表面由棱面和上下两个底面组成。底面通常为多边形，相邻两棱面的交线为棱线，且棱线互相平行。按棱线的数目可分为三棱柱、四棱柱等。棱线垂直于底面的棱柱称为直棱柱，棱线倾斜于底面的棱柱称为斜棱柱。

图 2-25 为直三棱柱的直观图和投影图。直三棱柱的左右两面为互相平行的三角形，其三个棱面均为矩形，三条棱线相互平行且垂直于侧面，其长度等于棱柱的长度。

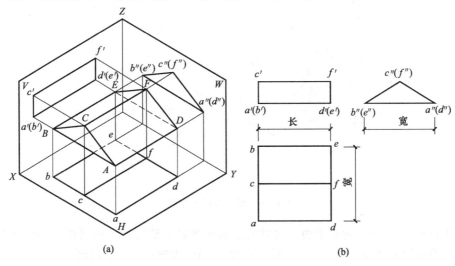

图 2-25　直三棱柱的投影

图 2-26 为斜三棱柱的直观图和投影图。斜三棱柱的上下两个底面为互相平行的水平面，三个棱面均为一般位置面，三条棱线为正平线，与上下底面倾斜。

棱柱在建筑中的应用如图 2-27 所示。

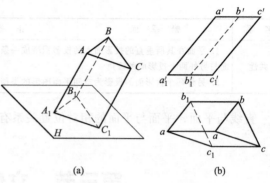

图 2-26　斜三棱柱的投影

（2）棱锥的投影

棱锥由一个多边形的底面和侧棱线交于锥顶的平面组成。棱锥的侧棱面均为三角形平面，棱锥有几条侧棱线就称为几棱锥。如图 2-28（a）所示为一正三棱锥，它的表面由一个底面（正三角形）和三个侧棱面（等腰三角形）围成，设将其放置成底面与水平投影面平行，并有一个棱面垂直于侧投影面。把正三棱锥向三个投影面作正投影，如图 2-28（b）所示为正三棱锥的三面投影图。

图 2-27　棱柱在建筑中的应用

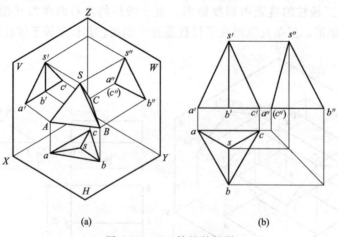

图 2-28　正三棱锥的投影

由于锥底面△ABC 为水平面，所以它的水平投影反映实形，正面投影和侧面投影分别积聚为直线段 $a'b'c'$ 和 $a''(c'')b''$。棱面△SAC 为侧垂面，它的侧面投影积聚为一段

斜线 $s''a''(c'')$，正面投影和水平投影为类似形△$s'a'c'$ 和△sac，前者为不可见，后者可见。棱面△SAB 和△SBC 均为一般位置平面，它们的三面投影均为类似形。

棱线 SB 为侧平线，棱线 SA、SC 为一般位置直线，棱线 AC 为侧垂线，棱线 AB、BC 为水平线。

如图 2-29 所示为斜三棱锥的直观图和投影图。此斜三棱锥的底面为水平面，三个棱面为一般位置平面。

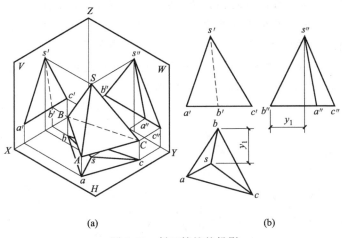

(a)   (b)

图 2-29 斜三棱锥的投影

平面立体的投影实质上是围成平面立体各表面的投影。作投影时，应先作出平面立体的底面的投影，然后作出各棱面的投影。由于各棱面又是由棱线与底边组成，而这些棱线和底边是分别交于棱柱体的不同顶点的，因此作棱面的投影也就是棱柱体上顶点对应的连线。

棱锥在建筑中的应用如图 2-30 所示。

图 2-30 棱锥在建筑中的应用

2. 曲面立体的投影

建筑工程中的屋盖、壳体以及常见的设备管道等大都是曲面立体。曲面立体指立体表面由曲面或曲面和平面所围成的立体。在工程实践中，曲面可看作由一动线在空间连续运动所经过位置的总和。

(1) 曲面的形成和分类

① 形成　形成曲面的动线叫作曲面的母线，曲面在形成过程中，母线运动的限制条件称为运动的约束条件。约束条件可以是直线或曲线（称为导线），也可以是平面（称为导平面），母线在平面上任一位置时，称为素线。因此曲面也可以看作是素线的集合。

如图 2-31 (a) 所示，直母线沿着曲导线运动，并始终平行于空间一条直导线，形成了柱面；如图 2-31 (b) 所示，直母线沿着曲导线运动，并始终通过定点 S，形成了锥面；如图 2-31 (c) 所示，直母线绕旋转轴旋转一周形成了圆柱面；如图 2-31 (d) 所示，曲母线绕旋转轴旋转一周形成了花瓶状曲面。如图 2-31 (d) 所示：由曲线旋转生成的旋转面，母线称为旋转面上的经线或子午线；母线上任一点的运动轨迹为圆，称为纬线或纬圆；纬圆所在的平面一定垂直于旋转轴。旋转面上较两侧相邻纬圆都小的纬圆称为喉圆，较两侧相邻纬圆都大的纬圆称为赤道圆，简称赤道。

图 2-31　曲面的形成和分类

② 分类

a. 据运动方式不同曲面可分为回转面和非回转面。回转面是由母线绕轴（中心轴）旋转而形成（如圆柱面、圆锥面、球面等）；非回转面是母线根据其他约束条件（如沿曲线移动等）而形成（如双曲抛物面、平螺旋面等）。

b. 根据母线形状不同曲面可分为直线面和曲线面。凡由直母线运动而形成的曲面是直线面（如圆柱面、圆锥面等）；由曲母线运动而形成的曲面是曲线面（如球面、圆环面等）。

c. 根据母线运动规律不同曲面可分为规则曲面和不规则曲面。母线有规律地运动形成规则曲面；不规则运动形成不规则曲面。

③ 曲面的表示法　曲面的表示与平面相似，只要画出形成曲面几何元素的投影，如：母线、定点、导线、导平面等的投影，曲面就确定了。为了表示得更清楚，曲面还要绘出曲面的边界线和曲面外形轮廓线（轮廓线可能是边界线的投影），有时还需要画出一系列素线的投影。

建筑工程中常见的曲面立体是回转体，如圆柱、圆锥、球和环等。

(2) 圆柱的投影

圆柱是由圆柱面和两个圆平面所围成的立体。圆柱面可看成是由一条直母线绕与其平行的轴线旋转一周所形成的，母线上两端点的运动轨迹为两个等径的圆，即为圆柱上下两底面圆的圆周。

　　如图 2-32 所示为圆柱的直观图和投影图。圆柱的轴线为铅垂线，圆柱上、下两底面圆均为水平面，圆柱面上所有素线与其轴线平行，均为铅垂线。图中单点长画线表示圆柱轴线的投影。

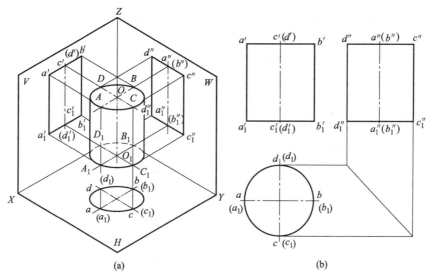

图 2-32　圆柱的投影

　　圆柱在建筑中有着广泛的应用，如图 2-33 所示。

图 2-33　圆柱在建筑中的应用

（3）圆锥的投影

　　圆锥是由圆锥面和一个底面圆围成的立体。圆锥面可看成是一条直母线绕与其相交的轴线旋转所形成的曲面。母线与轴线相交点即为圆锥面顶点，母线另一端运动轨迹为圆锥底面圆的圆周。

　　如图 2-34 所示为圆锥的直观图和投影图。圆锥的轴线铅垂放置，则圆锥的底面为水平面，圆锥面上所有素线与水平面的倾角均相等。

　　如图 2-35 所示为圆锥在建筑中的应用。

（4）圆球的投影

　　圆球是由圆球面围成的立体。圆球面可看成是母线圆绕其直径旋转所形成的曲面。

图 2-34　圆锥的投影

图 2-35　圆锥在建筑中的应用

如图 2-36 所示为圆球的直观图和投影图。圆球的三个投影均为等径的圆，是圆球在三个投影方向上球面转向轮廓线的投影。

如图 2-37 所示为圆球在建筑中的应用。

（5）圆环的投影

圆环是由圆环面围成的。圆环面可看成是母线圆绕圆外且与圆平面共面的轴线旋转所形成的曲面。

如图 2-38 所示为圆环的直观图和投影图。圆环的轴线为铅垂线，母线圆上外半圆弧绕轴线旋转形成外环面，内半圆弧绕轴线旋转形成内环面。母线的上半圆弧、下半圆弧旋转形成上半环面、下半环面。

曲面可看成是母线运动后的轨迹，也是曲面上所有素线的集合。曲面立体的投影实质上是曲面立体表面上曲面轮廓素线或曲面轮廓素线和平面的投影。工程中还会用到由柱状面、锥状面、双曲抛物面、螺旋面等曲面组成的曲面立体。

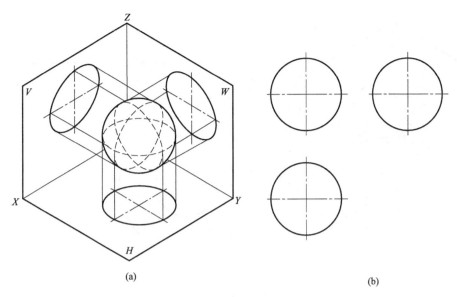

(a)   (b)

图 2-36 圆球的投影

图 2-37 圆球在建筑中的应用

其他曲面体在建筑中的应用如图 2-39 所示。

二、切割体

被平面截切后的立体称为切割体，如图 2-40（a）所示。截切立体所用的平面称为截平面，截平面与立体表面的交线称为截交线，如图 2-40（b）所示。立体截交线的形状取决于立体表面的性质和截平面与立体间的相对位置。

1. 平面立体的截交线

平面立体截交线的形状是由直线段组成的平面多边形。多边形的顶点为平面立体上棱线（或底边）与截平面的交点，各条边是平面立体上参与相交的各棱面（或底面）与截平面的交线。求解平面与平面立体的截交线问题，实质上是求平面与平面立体上各表面的交线或求平面与平面立体上各棱线交点的集合问题。

例 2-2 如图 2-41（a）所示，求作正垂面 P 与正五棱柱的截交线。

分析：由于截平面 P 与五棱柱的五个侧棱相交，所以截交线是五边形，五边形的五

图 2-38 圆环的投影

图 2-39 其他曲面体在建筑中的应用

图 2-40 立体的截交线

个顶点即是五棱柱的五条棱线与截平面的交点。截交线的正面投影积聚在 P_V 面上，五棱柱五个棱面的水平投影有积聚性，故截交线的水平投影与五棱柱的水平投影重合，侧面投影只需求出五边形的五个顶点即可。

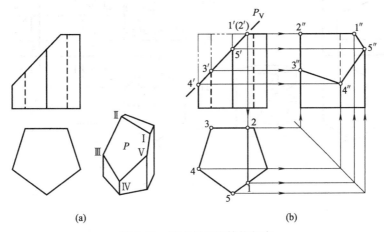

图 2-41 平面与正五棱柱相交

作图步骤：

（1）补形：根据主、俯视图用细实线作出完整五棱柱的侧面投影。

（2）求解：

① 在五棱柱的正面投影切口处，标出切口的各交点，如图 2-41（b）主视图所示。

② 根据正棱柱表面的积聚性，找出各交点的水平投影，如图 2-41（b）俯视图所示。

③ 利用点的投影规律，可直接求出截平面与棱线交点的侧面投影即 1″、2″、3″、4″、5″，如图 2-41（b）左视图所示。

（3）连线并判断可见性：依次连接五点即得截交线的侧面投影，截交线侧面投影均可见，故连成实线，如图 2-41（b）左视图所示。

（4）整理轮廓线：五棱柱的右侧棱线侧面投影不可见，应画成虚线，虚线与实线重合部分画实线。各棱线按投影关系补画到相应各点，完成五棱柱的侧面投影，如图 2-41（b）所示。

例 2-3 如图 2-42（a）所示，求作切口六棱柱的侧面投影和水平投影。

分析： 从正面投影可以看出，六棱柱上的切口是被一个正垂面 P、一个侧平面 Q 和一个水平面 R 所截切，将六棱柱中间切去一部分。水平面 R 与六棱柱截交线的水平投影为六边形实形，正面投影和侧面投影积聚为一条直线段；侧平面 Q 与六棱柱截交线的侧面投影为矩形实形，水平投影和正面投影积聚成一条直线段；正垂面 P 与六棱柱截交线的侧面投影和水平投影均为与空间形状类似的六边形。

作图步骤：

（1）补形：根据主、俯视图用细实线作出完整六棱柱的侧面投影。

（2）求解：

① 在六棱柱的正面投影切口处，标出切口的各交点，如图 2-42（b）主视图所示。

② 根据棱柱表面的积聚性，找出各交点的水平投影，注意不可见的线画成虚线，如图 2-42（b）俯视图所示。

③ 根据交点的水平投影和侧面投影，利用点的投影规律，作出各交点的侧面投影，

图 2-42　切口六棱柱的投影

如图 2-42（b）左视图所示。

（3）连线并判断可见性：依次连接侧面投影中各点即得截交线的侧面投影（其中 $4''5''$ $7''8''$ 是矩形的实形，$7''8''9''10''11''12''$ 为与空间形状类似的六边形），连接过程中注意判断可见性，截交线侧面投影可见，故连成实线，如图 2-42（b）左视图所示。

（4）整理轮廓线：补全其他轮廓线，完成六棱柱切口体的投影，六棱柱的右侧棱线侧面投影不可见，应画成虚线，虚线与实线重合部分画实线，如图 2-42（b）所示。

例 2-4　如图 2-43（a）所示，一带切口的正四棱锥，已知它的正面投影，求其另两面投影。

分析：该正四棱锥的切口是由两个相交的截平面切割而形成。两个截平面一个是水平面 Q，一个是正垂面 P，它们都垂直于正面投影，因此切口的正面投影具有积聚性。水平截面与四棱锥的底面平行，是三角形。正垂截面是五边形。

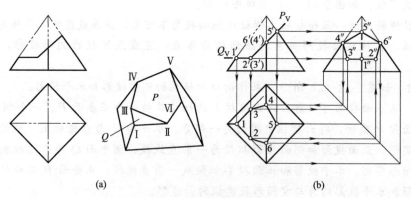

图 2-43　切口四棱锥的投影

作图步骤：

（1）补形：根据主、俯视图用细实线作出完整四棱锥的侧面投影。

（2）求解：

① 在四棱锥的正面投影切口处，标出切口的各交点，如图 2-43（b）主视图所示。

② 求截平面 Q 与四棱锥各交点：过 $1'$ 向下、向右做投影连线得水平投影 1 和侧面投影 $1''$，因为ⅠⅡ和ⅠⅢ分别与底边平行，利用平行特性和长对正，可以求出水平投影 2、

3，利用"二补三"作图，再求出侧面投影 2″、3″，如图 2-43（b）所示。

③ 求截平面 P 与四棱锥交点：利用点的投影规律求截平面 P 与四棱锥交点的水平投影 5 和侧面投影 4″、5″、6″，根据"二补三"求出交点 Ⅳ 和 Ⅵ 的水平投影 4 和 6，如图 2-43（b）所示。

（3）连线并判断可见性：截交线水平投影和侧面投影均可见，故连成实线。

（4）整理轮廓线：四棱锥右侧棱线侧面投影不可见，画成虚线，如图 2-43（b）所示。

例 2-5 如图 2-44（a）所示，求三棱锥被穿三棱柱形通孔后的水平投影和侧面投影。

分析： 从正面投影可以看出，三棱锥上的通孔是被两个正垂面和一个水平面所截切而成。水平面与三棱锥截交线的水平投影为五边形实形，正面投影和侧面投影积聚为一条直线段；正垂面与三棱锥截交线的侧面投影和水平投影均为与空间形状类似的四边形。

作图步骤：

（1）补形：根据主、俯视图用细实线作出完整三棱锥的侧面投影，如图 2-44（b）所示。

（2）求解：

① 求水平面截切三棱锥的水平投影和侧面投影，如图 2-44（c）所示。

② 求左边正垂面截切三棱锥的水平投影和侧面投影，如图 2-44（d）所示。

③ 求右边正垂面截切三棱锥的水平投影和侧面投影，如图 2-44（f）所示。

（3）连线并判断可见性：如图 2-44（g）左视图所示。

（4）整理轮廓线：补全其他轮廓线，完成作图，如图 2-44（b）和（h）所示。

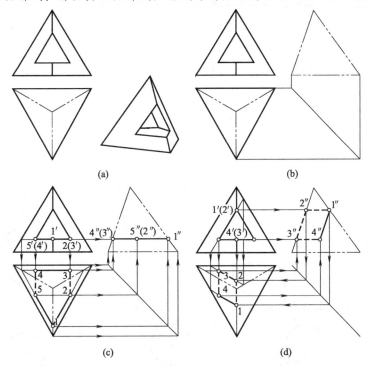

(a)　　　　　　　　　(b)

(c)　　　　　　　　　(d)

图 2-44

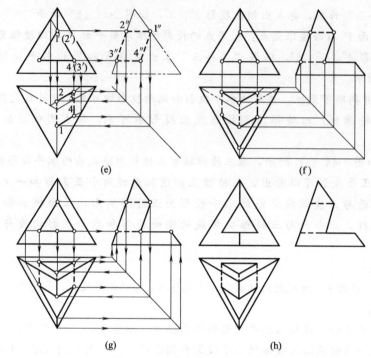

图 2-44 三棱锥穿孔体的投影

2. 曲面立体截交线

曲面立体截交线一般情况下为平面曲线。当截平面与直线曲面交于直素线，或与曲面体的平面部分相交时，截交线可为直线。

（1）圆柱的截交线

根据截平面与圆柱的相对位置不同，圆柱上的截交线有圆、椭圆、矩形三种，如表 2-6 所示。

表 2-6 圆柱的三种截交线

截平面位置	与轴线平行	与轴线垂直	与轴线倾斜
截交线形状	矩形	圆	椭圆
立体图			
投影图			

当截平面平行于圆柱的轴线时，截交线一般为两条平行的直线；当截平面垂直于圆柱的轴线时，截交线为圆；当截平面倾斜于圆柱的轴线时，截交线为椭圆，此椭圆的短轴等于圆柱的直径，长轴随着截平面与轴线的角度变化而变化。

例 2-6　如图 2-45（a）所示，已知圆柱上通槽的正面投影，求其水平投影和侧面投影。

分析：通槽可看作是圆柱被两平行于圆柱轴线的侧平面及一个垂直于圆柱轴线的水平面所截切，两侧平面截圆柱的截交线为矩形，水平面截圆柱为前后各一段圆弧。

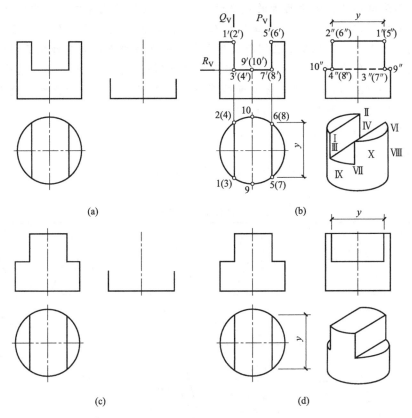

图 2-45　圆柱开通槽

作图步骤：

（1）补形：用细实线绘制完整圆柱的侧面投影。

（2）求解、连线并判别可见性：

① 作截平面 R 与圆柱面的交线。交线圆弧Ⅲ Ⅸ Ⅶ和Ⅳ Ⅹ Ⅷ的水平投影 397、4108 落在圆柱面的水平积聚性投影上，其侧面投影 $3''9''7''$ 和 $4''10''8''$ 为水平直线段，如图 2-45（b）所示，其中 $3''9''$ 与 $7''9''$、$4''10''$ 与 $8''10''$ 重合，画实线。

② 作截平面 Q、P 与圆柱面的交线。Q 与圆柱面的交线为直线段，其正面投影 $1'3'$、$2'4'$ 重合，落在截平面 Q 的正面积聚性投影上，其水平投影积聚为点 1（3）、2（4），落在圆柱面水平积聚性投影上，其侧面投影 $1''3''$ 和 $2''4''$ 可利用坐标差 y 作出，长度与正面投影长度相等，如图 2-45（b）所示；同样方法作出 P 与圆柱面交线的投影。由于 Q、P 截平面左右对称，故它们的交线侧面投影重合。

③ 作 Q、P 截平面与 R 截平面的交线。交线为正垂线，其水平投影 34 和 78 分别落在 Q、P 的水平积聚性投影上，侧面投影 $3''4''$ 和 $7''8''$ 为水平直线段，落在 R 截平面的侧面积聚性投影上，交线不可见，应画虚线，如图 2-45（b）所示。

（3）整理轮廓线：圆柱最前、最后素线上部分被截切掉，故其侧面投影的（$9''$、$10''$点上部）上部分应擦除。如图 2-45（b）所示。

图 2-45（a）与图 2-45（c）所示的圆柱上部切口，前者切除圆柱上部中间部分，后者切除圆柱上部两侧部分。由于两者的截平面 Q、P 的截切位置相同，故它们截交线投影完全相同，其作图方法一样；截平面 R 的位置不同，前者交线圆弧位于前后圆柱面上，后者交线圆弧位于左右圆柱面上且侧面投影重合；前者截平面间的交线侧面投影不可见，而后者可见；前者位于 R 截平面上部的侧面投影轮廓线（圆柱最前、最后素线）被截切去除，如图 2-45（b）所示，而后者侧面轮廓素线（圆柱最前、最后素线）没有被截切，其侧面投影是完整的，如图 2-45（d）所示。

建筑中的木榫结构即为此类切割体间的组合。

（2）圆锥的截交线

圆锥体表面上截交线的形状取决于截平面与圆锥的相对位置，截交线的形状有五种，如表 2-7 所示。

表 2-7　圆锥的五种截交线

截平面位置	$\theta=90°$	$\theta>\varphi$	$\theta=\varphi$	$0°\leqslant\theta<\varphi$	过锥顶点
截交线形状	圆	椭圆	抛物线	双曲线	三角形
立体图					
投影图					

当截平面垂直于圆锥的轴线时，截交线为圆；当截平面倾斜于圆锥的轴线且与所有的素线均相交时，截交线为椭圆；当截平面只平行于圆锥面上的一条素线时，截交线为抛物线；当截平面平行于圆锥面上的两条素线时，截交线为双曲线；当截平面通过圆锥的顶点

时，截交线为直线，一般为两条相交直线。

例 2-7　如图 2-46（a）所示，已知有缺口的圆锥正面投影，求作其水平投影和侧面投影。

分析： 圆锥缺口部分可看作是被三个截面截切而成的。P 平面是垂直于圆锥轴线的水平面，截交线是圆的一部分；Q 平面是过锥顶的正垂面，截交线是两条交于锥顶的直线；R 平面也是正垂面，与圆锥轴线倾斜，且与轴线夹角大于锥顶角，截交线是部分椭圆弧。即缺口圆锥的截交线是由直线、圆弧、椭圆弧组成，截平面间的交线为虚线。

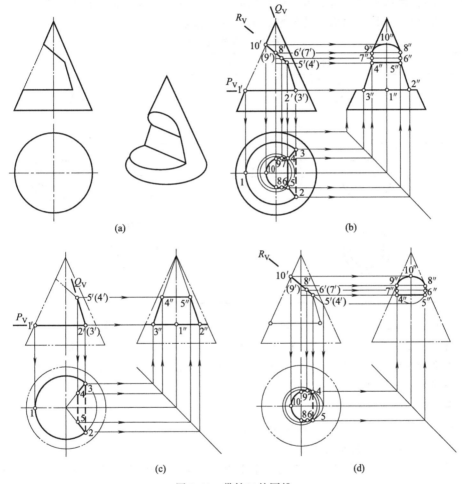

图 2-46　带缺口的圆锥

作图步骤：

（1）补形：补画出完整圆锥的侧面投影。

（2）求解：

① 求水平面 P 和正垂面 Q 的截交线投影，如图 2-46（c）所示。水平面 P 的水平投影为多半圆实形，侧面投影积聚为直线段；正垂面 Q 通过锥顶，其水平投影和侧面投影为与空间类似的梯形。

② 求正垂面 R 的截交线投影，如图 2-46（d）所示。正垂面 R 其水平投影和侧面投影为与空间类似的椭圆形。

（3）连线并判断可见性：椭圆轮廓注意光滑连接，三个截面间的两条交线水平投影均不可见，要画成虚线。

（4）整理轮廓线：整理轮廓线，完成圆锥切割体的投影，如图 2-46（b）所示。

（3）球的截交线

平面截切圆球的截交线只有一种，其交线的形状为圆。当截平面平行于某一投影面时，截交线在该投影面上的投影为圆的实形，在其他两面上的投影都积聚为线段（长度等于截圆直径）。当截平面垂直于某一投影面时，截交线在该投影面上的投影为线段（长度等于截圆直径），在其他两面上的投影都为椭圆。如表 2-8 所示。

表 2-8　圆球截交线

截平面位置	为投影面平行面	为投影面垂直面
立体图		
投影图		
截交线形状	圆	

例 2-8　如图 2-47（a）所示，完成半圆球切割体的水平和侧面投影。

分析：半球被两个侧平面 P、Q 和一个水平面 R 切割而成，两个侧平面和半球的交线为两段平行于侧面的圆弧实形，水平投影和正面投影积聚为直线段；水平面与半球的交线为水平圆弧实形，侧面投影和正面投影积聚为直线段；截平面之间的交线为正垂线。

作图步骤：

（1）补形：补画出完整半球的侧面投影。

（2）求解、连线并判断可见性：

① 求水平面与半球的交线：交线的水平投影为圆弧，如图 2-47（c）所示，侧面投影为直线。

② 求侧平面与半球的交线：交线的侧面投影为圆弧，如图 2-47（d）所示，水平投影为直线。

（3）整理轮廓线：位于截平面 R 上部的圆球侧面转向轮廓线被截切掉，其侧面投影应去除该部分转向轮廓线，如图 2-47（b）所示。

三、相贯体

两立体相交又称两立体相贯，相交两立体的表面交线称为相贯线。相贯线上的点称为相贯点。两立体相贯线的形状取决于参与相交的两立体表面形状，以及两立体之间的相对位置。

图 2-47 半圆球切割体

相贯线可分为两平面立体相交［图 2-48（a）］、平面立体与曲面立体相交［图 2-48（b）］、两曲面立体相交［图 2-48（c）］三种情况。

(a) 两平面立体相交　　(b) 平面立体与曲面立体相交　　(c) 两曲面立体相交

图 2-48 相贯线的三种类型

一般情况下相贯线总是闭合的，特殊情况下可能不闭合。当一个立体全部贯穿到另一立体时，在立体表面形成两条相贯线，这种相贯形式称为全贯，见图 2-49（a）；当两个立体各有一部分棱线参与相贯时，在立体表面只形成一条相贯线，这种相贯形式称为互贯，见图 2-49（b）。

1. 两平面立体相交

相贯线通常为由直线段组成的空间闭合折线，当两个立体有公共表面时，其相贯线为

非闭合的空间折线。每段折线是两平面立体
表面的交线，折点是一平面立体上参与相交
的棱线（或底边）与另一平面立体上参与相
交的棱面（或底面）的交点。

两平面立体相贯线投影作图方法与平面
立体截交线投影作图方法相同。

例2-9 已知房屋的正面投影和侧面投
影，求房屋表面交线，见图2-50（a）。

图 2-49 相贯线的两种形式

图 2-50 房屋的表面交线

分析：房屋可看成是大五棱柱与小五棱柱相交，如图2-50（a）所示。由正面投影可
知，小五棱柱的左、右正垂面分别与大五棱柱两个棱面交于四条直线段ⅠⅡ、ⅡⅣ和Ⅰ
Ⅲ、ⅢⅤ；小五棱柱的左、右两侧平面分别与大五棱柱交于两条直线段ⅣⅥ、ⅤⅦ，又由
于两立体有一个公共面，故它们的相贯线为非闭合的空间折线。相贯线的正面投影落在小
五棱柱棱面的积聚性投影上，其侧面投影落在大五棱柱棱面的积聚性投影上，所要求的是
相贯线的水平投影。由于交线ⅣⅥ、ⅤⅦ为铅垂线，交线ⅡⅣ、ⅢⅤ为正平线，它们的水
平投影落在大五棱柱前表面的水平积聚性投影上，故只需求出交线ⅠⅡ、ⅡⅣ、ⅠⅢ、
ⅢⅤ的水平投影即可。

作图步骤：

（1）作出顶点Ⅰ、Ⅱ、Ⅲ、Ⅳ、Ⅴ的投影：已知顶点1′、2′、3′、4′、5′和1″、2″、
3″、4″、5″，依据点的投影规律作出其水平投影1、2、3、4、5，见图2-50（b）。

（2）可见性判别并连线：交线所在的两个立体表面的水平投影均可见，故交线可见，
连实线，见图2-50（b）。

（3）整理立体棱线：将参与相交的各条棱线延长画至相贯线的顶点。

在建筑工程中，若屋顶的各个坡面对水平面的倾角相等、屋檐等高的屋面，称为同坡
屋面，见图2-51（a）。同坡屋面的交线是两平面体相贯的工程实例。

当屋面夹角为凸角时，交线称为斜脊；当屋面夹角为凹角时，交线称为天沟或斜沟。

同坡屋面交线及其投影有以下规律：

① 屋檐线互相平行的两坡面必相交为水平屋脊线，其水平投影必平行于屋檐线的水

平投影，且与两屋檐线的水平投影等距；见图 2-51（b），ab 平行于 cd、ef；gh 平行于 id、jf。

② 屋檐线相交的两坡面必相交成斜脊线或天沟线，其水平投影必为两屋檐线水平投影夹角的分角线。斜脊线位于凸墙角处，天沟线位于凹墙角处。如图 2-51（b）所示，ac、ae 等为斜脊线的水平投影，dg 为天沟线的水平投影。

③ 屋面上若有两条斜脊线或天沟线相交，则必有一条屋脊线通过该点。如图 2-51（b）中 a、b、g、h 各点。

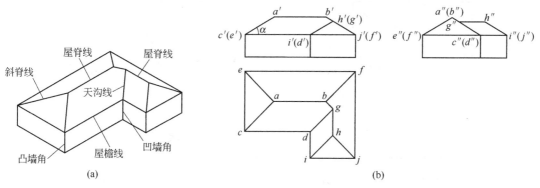

图 2-51　同坡屋面交线

例 2-10　已知图 2-52（a）所示的四坡顶屋面的平面形状及坡面的倾角 α，求屋面交线。

分析：利用同坡屋面交线的投影特性，首先作出四坡顶屋面的水平投影，依据屋顶坡面倾角 α，作出坡顶屋面的正面投影和侧面投影。

作图步骤：

（1）延长屋檐线的水平投影，使其成三个重叠的矩形 1-2-3-4、5-6-7-8、5-9-3-10，如图 2-52（b）。

（2）画出斜脊线和天沟线的水平投影。分别过矩形各顶点作 45°方向分角线，交于 a、b、c、d、e、f，见图 2-52（c），凸角处是斜脊线，凹角处是天沟线。

（3）画出各屋脊线的水平投影，即连接 a、b、c、d、e、f，并擦除无墙角处的 45°线，因为这些部位实际无墙角，不存在屋面交线，见图 2-52（d）。

（4）根据屋顶坡面倾角 α 和投影作图规律，作出屋面的正面投影和侧面投影，见图 2-52（e）。

2. 平面立体与曲面立体相交

平面立体与曲面立体的相贯线，一般情况下是由若干段平面曲线组成的，特殊情况下包含直线段。每段平面曲线或直线均是平面立体的棱面与曲面立体的截交线，相邻平面曲线的连接点是平面立体棱线与曲面立体的交点。因此，平面立体与曲面立体相贯线的求解可归结为曲面立体截交线的求解问题。

例 2-11　求四棱柱与圆锥相贯的正面投影和侧面投影，如图 2-53（a）所示。

分析：从立体图和水平投影可知，相贯线是由四棱柱的四个棱面与圆锥相交所产生的四段双曲线（前后两段较大，左右两段较小，前后、左右对称）组成的空间曲折线，四棱

图 2-52 同坡屋面交线作图

(a) 已知和立体图　　　　　　　　　　　　**(b) 作图**

图 2-53 四棱柱与圆锥相贯

柱的四条棱线与圆锥的四个交点是四段双曲线的结合点。

由于棱柱的水平投影有积聚性，因此，相贯线上的四段双曲线及四个结合点的水平投影都积聚在四棱柱的水平投影上，即相贯线的水平投影是已知的，而相贯线的 V、W 两投影需作图求出。正面投影上，前后两段双曲线重影，左右两段双曲线分别积聚在四棱柱左右两棱面的正面投影上；侧面投影上，左右两段双曲线重影，前后两段双曲线分别积聚在四棱柱前后两棱面的侧面投影上；作图时注意对称性。

作图步骤：

（1）在相贯线的水平投影上，标出四个结合点的投影 1、3、5、7，并在四段双曲线的中点标出每段的最高点 2、4、6、8，这八个点是双曲线上的特殊点；在前后两段双曲线上还需确定四个一般点；

（2）在锥表面上，用纬圆法求出结合点 Ⅰ、Ⅲ、Ⅴ、Ⅶ及四个一般点的正面投影和侧面投影；

（3）用素线法求出四段交线上的最高点 Ⅱ、Ⅳ、Ⅵ、Ⅷ点的正面投影和侧面投影；

（4）顺序连接点：正面投影上，连接 $1'$（$3'$）、$8'$（$4'$）、$7'$（$5'$）及中间的一般点；在侧面投影上，连接 $3''$（$5''$）、$2''$（$6''$）、$1''$（$7''$），四段双曲线的另外一个投影积聚在棱柱四个棱面上，如图 2-53（b）所示。

3. 两曲面立体相交

两个曲面立体相交，由于相交两立体的形状和相对位置不同，相贯线的表现形式也有所不同。其相贯线一般情况下是封闭的光滑的空间曲线，特殊情况下可能为平面曲线或直线段。

求两曲面立体的相贯线，一般要先作出一系列的相贯点，然后顺次光滑地连接成曲线。相贯点是两曲面的共有点，要根据两曲面的形状、大小、位置以及投影特性来作图。

例 2-12 如图 2-54（a）所示，已知圆锥上挖切圆柱槽，完成其水平投影和侧面投影。

分析： 如图 2-54（a）所示，圆锥上挖切圆柱槽，可看成是实体圆锥与虚体圆柱相贯，相贯线为一条闭合的空间曲线。由于圆柱轴线为正垂线，故相贯线的正面投影与圆柱面的正面积聚性投影重合，所要求解的是相贯线的水平投影和侧面投影。相贯线上的公有点可利用圆锥面上取点方法（素线法或纬圆法）获得。首先求出相贯线上所有特殊点和一般点的投影，然后判别相贯线的可见性，并用光滑曲线连接各点，即为所求相贯线的投影。

作图步骤：

（1）求作相贯线上的特殊点的投影：由于相贯体前后对称，故相贯线前后对称，为表述方便，故对前半相贯线上公有点进行编号。已知相贯线的正面投影，在其上取特殊点：最高点 $1'$、最低点 $5'$（也是最前点）、最左点 $6'$、最右点 $3'$（也是圆柱水平转向轮廓线上点）、圆锥侧面转向轮廓线上点 $2'$ 和 $4'$，利用圆锥面上取点方法（本例采用纬圆法）作出这些点的水平投影和侧面投影，如图 2-54（b）所示。

（2）求作相贯线上一般点的投影：在相贯线正面投影上取一般点 e'、f'，利用纬圆法作出水平投影 e、f 和侧面投影 e''、f''，如图 2-54（b）所示。

（3）判别可见性并连线：由于圆锥面水平投影可见，故相贯线的水平投影可见，用粗实线连接各点。又由于圆柱为虚体，故相贯线的侧面投影也可见，用粗实线连接各点，如图 2-54（b）所示。

(a)　　　　　　　　　　　　　　　(b)

图 2-54　圆锥上挖切圆柱槽的相贯线

（4）整理圆柱、圆锥轮廓素线：圆柱面上最右水平转向轮廓素线不可见，画中粗虚线；圆柱槽上最低素线的侧面投影不可见，画中粗虚线。圆锥面上最前、最后素线被圆柱面截去中间部分，其侧面投影应擦除该部分锥面轮廓线。

两立体相交可能是它们的外表面，也可能是内表面，在两圆柱相交中，就有如下三种形式，如图 2-55 所示。

(a) 外表面相交　　　　　　(b) 外表面与内表面相交　　　　　　(c) 内表面相交

图 2-55　两圆柱相交的三种形式

当相交两圆柱轴线的相对位置变动时，其相贯线的形状也发生变化，如图 2-56 所示。

外切于同一球面的圆柱与圆柱、圆柱与圆锥相交，其相贯线为平面曲线——椭圆，如图 2-57 所示。

图 2-56　两圆柱轴线相对位置变动对相贯线的影响

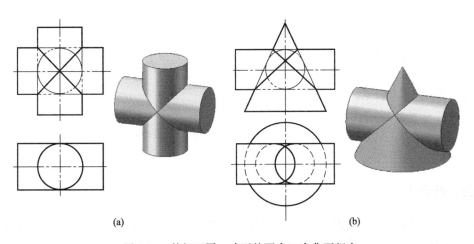

图 2-57　外切于同一球面的两个二次曲面相交

当两个具有公共轴线的回转体相交，或回转体轴线通过球心时，其相贯线为圆，如图 2-58 所示。

两个轴线相互平行的圆柱相交，或两个共顶点的圆锥相交时，其相贯线为直线段，如图 2-59 所示。

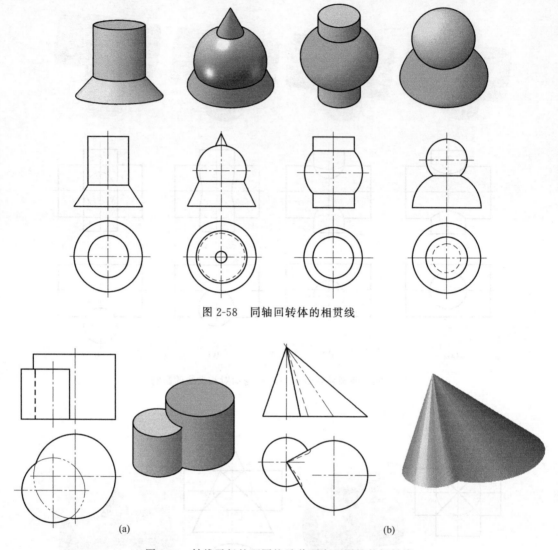

图 2-58 同轴回转体的相贯线

(a)   (b)

图 2-59 轴线平行的两圆柱及共顶点两圆锥的相贯线

四、组合体

由基本几何形体（如棱柱、棱锥、圆柱、圆锥、球等）经过叠加、切割或穿孔等方式组合而成的形体，称为组合体。

1. 组合方式及形体分析

（1）组合方式

由基本几何形体构成的组合体，一般都是通过基本几何形体叠加、相交、相切、切割和穿孔等形式组合而成的。

① 叠加 指两基本几何形体的表面相互重合。

如图 2-60 所示，两个组合体均由两个四棱柱叠加而成，由于两个四棱柱摆放的位置不同，因而三视图也不同。如图 2-60（a）所示，由于上、下两个四棱柱的前、后、左、右四个棱面均不重合，所以其主视图与左视图上两形体的结合处有实线分界。而如图 2-60（b）所示，由于上、下两个四棱柱的前面重合（对齐）为同一个面，所以在主视图上两形体的结合处没有实线（即各自的轮廓线）。

图 2-60 叠加

② 相交 指两基本形体的表面相交，在相交时会产生各种性质的交线。如图 2-61 所示，组合体由直立小圆柱与水平半圆柱相交而成，因此产生了圆柱之间的交线。在主视图上必须画出此交线的投影。

③ 相切 指两基本形体表面光滑过渡。当曲面与曲面、曲面与平面相切时，在相切处不存在轮廓线，见图 2-62。底板的前后两平面与圆柱面相切，由于相切处为光滑过渡连接，因此没有投影线。画图时特别需要注意不能画线。因此底板在主视图上的投影，画到相切处为止。

图 2-61 相交   图 2-62 相切

④ 切割和穿孔 基本形体被平面切割时，画视图的关键是作出其截交线的投影，见图 2-63（a）。基本形体被穿孔时，画视图的关键是作出其交线的投影，见图 2-63（b）。

图 2-63 切割和穿孔

（2）形体分析

假想把组合体分解为若干个简单的基本体，并清楚它们的形状，确定它们的组合方式和相对位置，分析它们的表面过渡关系及投影特性，这种思维方法称为形体分析法。形体分析法的过程，简单地说就是"先分解，后综合；分解时认识局部，综合时认识整体"。

图 2-64 所示为一形体，它可以分解为由四棱锥台Ⅰ和长方体Ⅱ上下结合而成，然后再在Ⅰ的顶部挖去棱柱 R 而形成一个槽，在Ⅱ下部左

图 2-64　组合体组成

右两边分别切去棱柱 P 和 Q 而形成燕尾形。

分析组合体视图时，经常运用形体分析法，使复杂的问题变得较为简单。图 2-65 表示怎样运用形体分析法分析形体三视图的过程。

(a) 四棱台和长方体相结合　　　　　　　　(b) 下部左右被切割

(c) 上部中间开槽　　　　　　　　(d) 完整形体

图 2-65　组合体组成分析

2. 组合体的读图方法

读图是根据形体的一组投影图，想象出该形体的空间形状。组合体的读图经常采用的方法仍然是形体分析法，有时也应用线面分析法。通常运用形体分析法阅读组合体，基本上可以想象出形体的整体形状。当组合体某些部位的形状不能确认时，就需要对其表面的线、面的投影进行分析，弄清其表面交线的形状以及相对位置，从而确切想象出整个形体的空间形状。因此，线面分析法是形体分析法读图的补充，用来解决形体分析过程中难以看清的结构形状，常用于切割式组合形体的投影分析，特别是形体上面与面倾斜相交的地方。

读图时需要注意的几个问题如下：

① 要把几个视图联系起来进行分析　在没有标注的情况下，只看一个视图不能确定形体的空间形状。如图 2-66（a）所示仅给出了形体的一个视图，可以构思出它可能是多种不同形状的形体的投影，如图 2-66（b）~（p）所示。

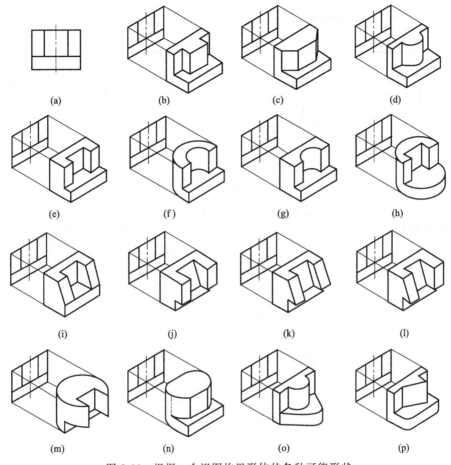

图 2-66　根据一个视图构思形体的各种可能形状

有时虽有两个视图，但视图选择不当，也可能不能确定其空间形状。如图 2-67（a）所示给出了形体的两个视图，如图 2-67（b）～（d）所示给出了三个可能的形状。

图 2-67　根据两个视图构思形体的各种可能形状

② 要找出特征视图　特征视图就是能把形体的形状特征表达得最充分的那个视图。如图 2-68 中的俯视图，找到这个视图，再配合其他视图，就能较快地认清形体了。

图 2-68 俯视图具有形状特征的组合体

③ 要注意视图中反映形体之间连接关系的图线　形体之间表面连接关系的变化，会使视图中的图线也产生相应的变化。如图 2-69（a）中的三角形肋与底板及侧板的连接是实线，说明它们的前面不平齐，因此，三角形肋是在底板中间。在图 2-69（b）中，三角形肋与底板及侧板的连接是虚线，说明它们的前面平齐，因此，根据俯视图，可以肯定三角形肋有两块，一块在前，一块在后。这种根据形体之间的图线来判断各形体的相对位置和表面连接关系的方法，对于读图十分有用。

图 2-69　不同线型表示不同的组合体

3. 看图的方法和步骤

（1）认识视图抓特征

认识视图就是以主视图为主，弄清楚图纸上各个视图的名称与投影方向。哪个是左视图，哪个是俯视图等。这是最基本的前提。抓特征就是抓特征视图。找出反映形体特征较多的视图，以便在较短的时间里，对整个形体有一个大致的了解。

（2）分析形体对投影

参照形体的特征视图，从图上对形体进行形体分析，把它分解成几部分。再根据投影规律——"三等"对应关系，划分出每一部分的三个投影，想象出它们的形状。在看图时，一般顺序是先看主要部分，后看次要部分；先看容易确定的部分，后看难于确定的部分；先看整体形状，后看细节形状。

如何看懂组合体的视图？图 2-70（a）中反映组合体形状特征较多的是主视图。根据这个视图，可以把组合体分成Ⅰ、Ⅱ、Ⅲ三部分。从形体Ⅰ的视图出发，根据"三等"对应关系对投影，找到俯视图、左视图上的相应投影，如图 2-70（b）中粗实线所示。可以看出形体Ⅰ是一个长方体，上部挖了一个半圆槽。同样，可以找到形体Ⅱ的其余投影，如图 2-70（c）中粗实线所示，可以看出它是一个三角形肋。最后，看底板Ⅲ。俯视图反映了它的形状特征，如图 2-70（d）中粗实线所示，再配合左视图，可以看出它是带弯边的四方板，上面有两个孔。

图 2-70　组合体的读图方法

（3）综合起来想形体

在看懂每块形体的基础上，再根据整体的三视图，想象它们的相互位置关系，逐渐形成一个整体形状。

如图 2-70 所示，各形体的相对位置从主视图、俯视图上可以清楚地表示出来。方块Ⅰ在底板Ⅲ的上面，位置是中间靠后；肋Ⅱ在方块Ⅰ的两侧，并且后面平齐。底板Ⅲ的前面有一弯边，它的位置可以从左视图上清楚地看出。这样综合起来想象整体，就能形成图 2-71 所示的空间形状。

图 2-71　形体分析识组合体

例 2-13　如图 2-72（a）所示为组合体的主、俯视图，补画出其左视图。

分析： 首先运用形体分析方法，根据给出的主、俯视图分析组合体是由三个基本形体叠加组成，并挖去一个圆柱孔；然后运用投影规律，分别找出每个形体在主、俯视图上的投影，从而想象出各个基本形体的形状，结合线面分析法得到各形体之间的相对位置关系，最后想象出整个组合体的形状。

作图步骤：

（1）如图 2-72（b）表示组合体下部为一长方体，分析面 A 和面 B，可知 B 面在前，A 面在后，故它是一个凹形长方体。补出长方体的左视图，凹进部分用虚线表示。

（2）如图 2-72（c）分析了主视图上的 C 面，可知在长方体前面有一凸块，在左视图上补出该凸块的投影。

（3）如图 2-72（d）分析了长方体上面一带孔的竖板，因图上引线所指处没有轮廓线，可知竖板的前面与上述的 A 面是同一平面。补出竖板的左视图，即完成整个组合体的左视图。

图 2-72　组合体的补图分析——分析面的相对关系

（4）线面分析攻难点

在一般情况下，形体清晰的组合体，用上述形体分析方法看图就解决问题了。然而，有些组合体较为复杂，完全用形体分析法还不够。因此，对于一些局部较复杂的形体，有时候需要应用另一种方法——线面分析法来解决。根据平面和曲面的投影规律，在一般情况下，视图中的一个封闭线框代表形体的一个面的投影，不同线框代表不同的面。利用这个规律去分析形体的表面性质和相对位置的方法，就是线面分析法。如图 2-73 所示的形体。

先分析整体形状。由于组合体的三个视图的轮廓基本上都是长方形（只缺几个角），所以它的基本形体是一个长方体。

进一步分析细节形状。从主视图看出，主视图的长方体缺个角，说明在长方体的左上方切掉一角。俯视图的长方体缺两个角，说明在长方体的左端切掉前后两角。左视图也缺两个角，说明前后两边各切去一块。

这样，从形体分析的角度看，大致

图 2-73　线面分析识组合体

有了数。但是，究竟被什么样的平面切的？切割以后的投影为什么会成为这样？还需进一步的线面分析。

如图 2-74（a）所示，从俯视图的梯形框 P 看起，在主视图上找出它的对应投影。由于在主视图上没有与它等长的梯形线框，所以它的正面投影只能对应斜线 p'。因此，P 面是垂直于正面的梯形平面。长方体的左上角就是由这个平面切割而成的。平面 P 对侧立面和水平面都处于倾斜位置，所以，它的侧面投影 p'' 和水平投影 p 是类似形，不反映 P 面实形。

如图 2-74（b）所示，从主视图的七边形 q' 看起，在俯视图中找它的对应投影。由于俯视图上没有与它等长的七边形，所以，它的水平投影只能对应斜线 q，因此，Q 面是垂直于水平面的平面。长方体在左端就是由这样的两个平面切割而成的。平面 Q 对正立面和侧立面都处于倾斜位置，因而侧面投影 q'' 也是一个类似的七边形。

如图 2-74（c）所示，从主视图的长方形 r' 看起，在俯视图中找它的对应投影。因为长方形 $a'b'c'd'$ 的水平投影不可能是梯形 $adhe$，如果这样，d 点在主视图上就没有对应点。所以，它的水平投影只能是虚线 ae。因此，R 面平行于正立面，它的侧面投影是垂直线 $a''b''$。线段 $a'b'$ 是 R 面与 Q 面的交线的正面投影。

如图 2-74（d）所示，从主视图的长方形 $c'd'h'g'$ 看起，在俯视图中找出与它对应的投影只能是水平线 cg，因此，该面也是正平面。它的侧面投影是铅垂线 $c''d''$。

其余的表面比较简单易看，读者可自行分析。这样，既从形体上，又从线面的投影上彻底弄清楚了整个组合体的三视图，就可以想象出图 2-73 所示组合体的空间形状了。组合体的读图是培养形体空间想象能力的重要环节，形体分析法和线面分析法是读图的重要方法。

图 2-74　组合体的读图方法

在读图过程中，一般以形体分析法为主，线面分析法为辅，依据不同的组合体灵活运用，两者不能截然分开。通常运用形体分析法分析组合体各组成部分的形状及其相对位置，而线面分析法则分析组合体表面的线面投影特性，帮助构思组合体细部的形状。

应注意各投影图之间的对应投影关系（即长对正、高平齐、宽相等）。读图应从投影关系入手。按组合体的组成及其他们之间的相对位置，首先从反映形状特征的投影出发，依据投影关系逐次完成其三面投影。读图时应善于捕捉形体的特征投影，并结合其对应的其他投影，建立其空间形状。

应注意运用形体表面连接关系、线面分析检查作图的正确性。如相交处是否遗漏交线，共面处是否有多余的图线，形体上斜面的投影是否具有面的投影特性等。

4. 组合体的尺寸标注

组合体的视图只能确定其形状，要确定其大小及各部分的相对位置，还必须标注出完整的尺寸。

(1) 标注尺寸的基本要求

正确——要符合国家最新颁布的《制图标准》；

完整——所标注的尺寸必须能够完整、准确、唯一地表示形体的形状和大小；

清晰——尺寸的布置要整齐、清晰，便于读图；

合理——标注的尺寸应满足设计要求，并满足施工、测量和检验的要求。

读图时，常把组合体分解成基本几何形体，看组合体的尺寸时也可用同样的方法对组合体的尺寸进行分析。组合体的尺寸分为三类：定形尺寸、定位尺寸和总体尺寸。

① 定形尺寸 指确定基本形体大小的尺寸。常见的基本形体有棱柱、棱锥、棱台、圆柱、圆锥、圆台、圆球、圆环等。这些常见基本形体的定形尺寸标注见表 2-9。

表 2-9 常见基本几何体的尺寸标注

组合体中一个基本体某方向上的定形尺寸与另一个基本体同方向的定形尺寸重复时省略不注；若有两个以上大小一样、形状相同的基本体，且按规律分布，可用省略方式标注定形尺寸。

② 定位尺寸 表示组合体中各基本几何体之间相对位置的尺寸，称为定位尺寸。

在组合体的长、宽、高任一方向上，至少要有一个尺寸基准作为标准定位尺寸的基准面。一般选择组合体的对称平面（反映在视图上是单点长画线）、大的或重要的底面、端面或回转体的轴线作为尺寸基准。基准选定后，即可分别注出各基本形体的定位尺寸。

③ 总体尺寸 表示组合体的总长、总宽、总高的尺寸，称为总体尺寸。

（2）常见结构的尺寸标注

有些简单的"组合结构"在形体中出现的频率较多，其尺寸标注方法已经固定，读图时供参考，见图 2-75。

（3）组合体尺寸标注的方法和步骤

组合体尺寸标注的核心内容是运用形体分析法保证尺寸标注得完整、准确。其方法和步骤如下：

① 分析组合体是由哪几个基本体组成的。

图 2-75　常见结构的尺寸标注

② 标注出每个基本体的定形尺寸。

③ 标注出基本体之间的定位尺寸。

④ 标注出组合体的整体尺寸。

⑤ 调节定形尺寸、定位尺寸和总体尺寸的位置，将重复或多余尺寸去掉。

例 2-14　标注如图 2-76 所示肋式杯形基础的尺寸。

分析：该肋式杯形基础是由四棱柱形底板、中空四棱柱、前后肋板和左右肋板组合而成的形体。

作图步骤：

（1）标注定形尺寸：四棱柱形底板的长、宽、高分别为 3000、2000、250；中空四棱柱外形长 1500、宽 1000、高 750，孔长 1000、宽 500、高 750；前后肋板长 250、宽 500、高 600 和 100；左右肋板长 750、宽 250、高 600 和 100。

（2）标注定位尺寸的确定：中空四棱柱在底板的上面，其中心与底板的中心对齐，前后肋板对称，左右肋板亦对称。整个基础为前后、左右对称图形，因此，在长度方向选形体的左右对称面为基准，在宽度方向选前后对称面为基准，在高度方向选底面为基准。

中空四棱柱沿底板长、宽、高方向的定位尺寸是 750、500、250；左右肋板的定位尺寸是沿底板宽 875，高 250，长度因与底板左右对齐，故不用标注。同理，前后肋板的定位尺寸是 750、250。

（3）标注总体尺寸：肋式杯形基础的总长和总宽与四棱柱形底板的长、宽一致，为 3000 和 2000 不用另加标注，总高为 1000。

对于该基础，应标注杯口中线的尺寸，以便于施工。如图 2-76 所示俯视图中的 1500 和 1000。

图 2-76　肋式杯形基础的尺寸标注

第四节　轴 测 投 影

一、轴测投影的概念

1. 轴测投影的形成

轴测投影体系由一束平行投射线（轴测投影方向）、一个投影面（轴测投影面）和被投影形体组成。

将空间形体连同确定其空间位置的直角坐标系沿不平行于任一坐标面的方向，用平行投影法投射在单一投影面（此面称轴测投影面）上而得到的投影图叫作轴测投影图，简称轴测图，如图 2-77 所示。轴测投影图不仅能反映形体三个侧面的形状，立体感强，而且能够测量形体三个方向的尺寸，具有可量性。但测量时必须沿轴测量，这也是轴测投影命名的由来。

(a) 正轴测投影(L与P垂直)　　　　(b) 斜轴测投影(L与P不垂直)

图 2-77　轴测图的形成

要想在一个投影面上同时反映形体的长、宽、高，有两种方法：

① 将形体三个方向的面及其三个坐标轴与投影面倾斜，投射线垂直投影面，这种投影称为正轴测投影，也称为正轴测图，如图 2-77（a）所示。

② 将形体一个方向的面及其两个坐标轴与投影面平行，投射线与投影面倾斜，得到的投影称为斜轴测投影，也称为斜轴测图，如图 2-77（b）所示。

2. 有关术语和符号

① 轴测轴　直角坐标轴 OX、OY、OZ 在轴测投影面上的投影 O_1X_1、O_1Y_1、O_1Z_1 称作轴测轴。

② 轴间角　轴测轴之间的夹角称为轴间角。三个轴间角之和为 $360°$。

③ 轴向伸缩系数　轴测轴上的单位长度与空间的对应长度的比值称为轴向伸缩系数。O_1X_1、O_1Y_1、O_1Z_1 轴上的轴向伸缩系数分别用 p、q、r 表示。即 $p = O_1X_1 : OX$、$q = O_1Y_1 : OY$、$r = O_1Z_1 : OZ$。轴间角和轴向伸缩系数是绘制轴测图必须具备的要素，不同类型的轴测图有不同的轴间角和轴向伸缩系数。

3. 轴测投影的基本性质

因为轴测投影仍然是平行投影，所以它必然具有平行投影的投影的特性。即：

① 平行性　形体上互相平行的直线，其轴测投影仍平行。

② 定比性　形体上与轴平行的线段，其轴测投影平行于相应的轴测轴，其轴向伸缩系数与相应轴测轴的轴向伸缩系数相等。只要给出各轴测轴的方向以及各轴向伸缩系数，即可根据形体的正投影图画出它的轴测投影图。画轴测图时，形体上凡平行于坐标轴的线段，都可按其原长度乘以相应的轴向伸缩系数得到轴测长度，这就是轴测图"轴测"二字

的含义。

4. 轴测图的分类

按照投射方向与轴向伸缩系数的不同，轴测图可按图 2-78 所示分类。

建筑工程中最常用的是正等轴测图（简称正等测）和斜二等轴测图（简称斜二测）。

图 2-78　轴测图的分类

二、正等轴测图

当形体的三个坐标轴与轴测投影面倾角相同时，用正投影法绘制的轴测图称为正等轴测图，简称正等测。在正等测轴测图中，各轴测轴之间的夹角均为 $120°$，各轴的轴向伸缩系数均相等，即 $p=q=r=0.82$。为了作图方便，一般将轴向伸缩系数均简化为 1，即沿轴向尺寸可按实长量取。用简化的轴向伸缩系数画出的轴测图比原轴测图等比例放大了约 1.22 倍。正等轴测图的轴测轴和画法如图 2-79 所示。

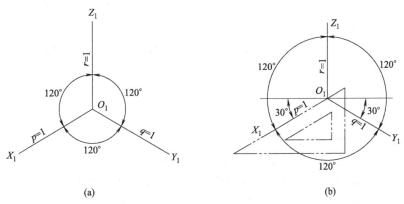

(a)　　　　　　　　　　　(b)

图 2-79　正等轴测图的轴向伸缩系数和轴间角

1. 平面立体正等轴测图的画法

绘制形体的轴测图常采用坐标法、切割法与叠加法。其中坐标法为最基本的画法。

例 2-15　作出如图 2-80（a）所示正五棱柱的正等轴测图。

分析： 由于作形体的轴测图时，习惯上是不画出其虚线的，如图 2-80（g）所示，因此作正五棱柱的轴测图时，为了减少不必要的作图线，宜选择五棱柱的上底面作为 XOY 面，如图 2-80（a）所示。绘制基本体的轴测图，主要是找出各顶点的轴测坐标即可。因为轴测图不画虚线，所以坐标原点的选择就尤为重要。

作图步骤：

（1）在投影图上定出坐标轴和原点。坐标原点 O 取在五棱柱上底面，并在投影图中标出上底面各顶点，如图 2-80（a）所示。

（2）画轴测轴，注意轴间角，轴测轴 O_1Z_1 向下，如图 2-80（b）所示。

（3）作出五棱柱上底面轴测图，如图 2-80（c）所示。

（4）在 O_1Z_1 轴上截取五棱柱高，如图 2-80（d）所示。

（5）作出五棱柱下底面轴测图，如图 2-80（e）所示。

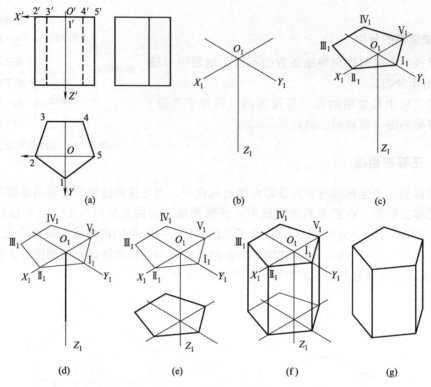

图 2-80　正五棱柱的正等轴测图

（6）完成五棱柱的轴测图，如图 2-80（f）所示。

（7）描深需要轮廓线，完成正五棱柱的正等轴测图，如图 2-80（g）所示。（作图线如果太多太乱，可以适当擦去多余的作图线，否则保留作图线即可。）

注意：在正等测轴测图中不与轴测轴平行的直线不能按 1∶1 量取，应先根据坐标定出两个端点，再连接而成。

本例的作图过程实际上是根据五棱柱各顶点的坐标值定出其在轴测投影中的位置，并沿轴测轴量出尺寸，从而画出轴测图，这种作图方法称为坐标法。

例 2-16　绘制如图 2-81（a）所示形体的正等轴测图。

分析：该形体可视为由完整长方体经挖切而形成。画轴测图时，可先画出完整的形体（原形），再逐步挖切。

作图步骤：

（1）画出长方体的正等轴测图，如图 2-81（c）所示。注意坐标原点 O 取在形体左前角，画轴测轴时注意轴间角，轴测轴 O_1Z_1 向上，O_1X_1 和 O_1Y_1 与 O_1Z_1 反方向各成 $60°$，如图 2-81（b）所示。

（2）由上下水平面的尺寸确定切去的正垂面（一定要沿轴向量取尺寸来确定正垂面的位置）如图 2-81（d）所示。

（3）挖切中间的方槽，注意平行性，如图 2-81（e）所示。

（4）挖切左前方一个角，如图 2-81（f）所示。

（5）描深需要轮廓线，如图 2-81（g）所示。

图 2-81 用切割法绘制形体的正等轴测图

（6）整理成图，如图 2-81（h）所示。

本例的作图过程实际上是先画出完整的形体，再进行切割。这种作图方法称为切割法。

注意：在正等测轴测图中不与轴测轴平行的直线不能按 1∶1 量取，应先根据坐标定出两个端点，再连接而成。

例 2-17 作出如图 2-82（a）所示形体的正等轴测图。

图 2-82 用叠加法绘制形体的正等轴测图

分析： 画组合体的轴测图，首先应对组合体的构成进行分析，明确它的形状。从较大的形体入手，根据各部分之间的关系，逐步画出。如图 2-82（a）所示的形体可以看成若干基本体叠加，绘图时可以分别绘出基本体的轴测图，叠加时注意各基本体之间的相对位置关系。

作图步骤：

（1）从形体左前角开始，画出底板及四棱台上底面，如图 2-82（b）所示。

（2）画全四棱台，如图 2-82（c）所示。

（3）画四棱柱，如图 2-82（d）所示。

（4）画中间四棱柱，整理成图，如图 2-82（e）所示。

对于由几个基本体叠加而成的组合体，宜在形体分析的基础上，将各基本体逐个画出，最后完成整个形体的轴测图，此种方法称为叠加法。

2. 曲面立体正等轴测图的画法

曲线在正等轴测投影中仍为曲线，形体表面圆的轴测投影一般为椭圆。在实际作图中，对于曲线，可用坐标法求出曲线上一系列点的轴测投影，然后光滑连接。

（1）平行于坐标面的圆正等轴测图的画法

如图 2-83 所示，平行于坐标面的圆正等测投影都是椭圆。椭圆的长轴等于圆的直径，短轴等于直径的 0.58 倍，见图 2-83（a）。当按简化轴向伸缩系数作图时，椭圆的长、短轴长度均放大了 1.22 倍，但形状不变，见图 2-83（b）。

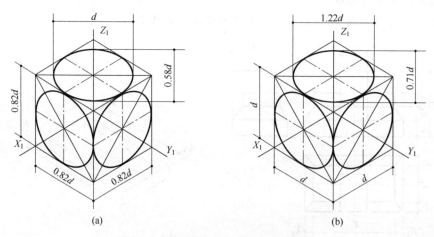

图 2-83　平行于坐标面的圆正等轴测图

对于这些椭圆可用近似画法——四心扁圆法（又称菱形四心法）画出。

四心扁圆法的具体画法见图 2-84。圆平行于水平投影面。先做圆的外切正方形，其正等测投影为一菱形，此菱形也外切于圆的轴测投影。分别以菱形短对角线的端点 1、2 为圆心，以 $1A_1$、$2D_1$ 为半径，画出圆弧 A_1C_1、D_1B_1；分别以 3、4 为圆心，以 $3D_1$、$4B_1$ 为半径，画出圆弧 A_1D_1、B_1C_1；注意菱形的两对角线是此椭圆的长轴和短轴的方向。平行于正面或侧面的圆，它们的正等轴测图可依照上述菱形四心法画出，但要注意菱形各边的方向与椭圆长、短轴的方向。

用四心扁圆法画椭圆，就是用四段不同心的圆弧近似画椭圆。实际中为简化作图，一

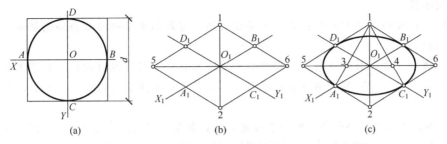

图 2-84　平行于投影面的圆正等轴测图的画法——四心扁圆法

般不作菱形，只定出四段圆弧的圆心及四个切点即可，作法见图 2-85。

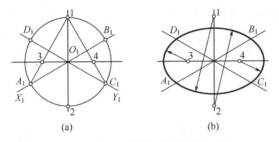

图 2-85　圆的正等轴测图的简化画法

例 2-18　画圆台的正等轴测图，见图 2-86。

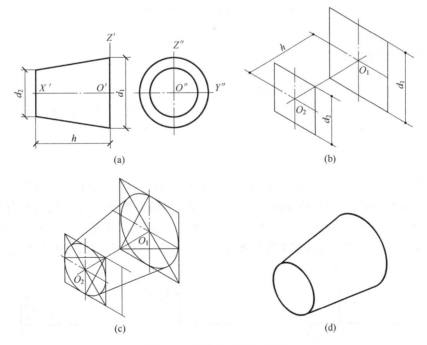

图 2-86　圆台的正等轴测图

分析：画圆台的正等轴测图时，其两底圆的正等轴测图可按上述的四心扁圆法画出。圆台的侧面轮廓线应是两个椭圆的公切线。

作图步骤：

（1）在正投影图中确定坐标系：为简化作图，可取右底面的圆心为轴测轴的原点，见图 2-86（a）；

（2）画左、右底面的椭圆，可用四心扁圆法画出，也可将左（右）底椭圆中的各圆弧连接点和各圆心沿 OX 轴向右（左）移动 h，求得另一底椭圆的相应点，画出，见图 2-86（b）和（c）；

（3）画左右椭圆的公切线，擦去不可见部分，加深，完成正等轴测图，见图 2-86（d）。

（2）带四分之一圆角形体正等轴测图的近似画法——切点垂线法

见图 2-87（a），带有四分之一圆角的底板，其圆角正等轴测图的近似画法如下：首先画出不带圆角底板的轴测图，然后从长方体上各顶点向两边量取半径 R 的点作为切点，过切点作相应边线的垂线，得交点 1、2、3、4，以 1、2、3、4 为圆心，至相应切点的距离为半径作圆弧，便是 1/4 圆的轴测图。将圆心和切点向下平移一个底板厚度，画出同样的一段弧，并作出各角点两圆弧的公切线即可，见图 2-87（b）。

（a）　　　　　　　　　（b）　　　　　　　　　（c）

图 2-87　圆角正等轴测图的画法

三、斜二等轴测图

用斜投影法绘制的轴测图称为斜轴测图。此时形体的一个参考坐标面应平行于轴测投影面。在斜轴测投影中，以正立面（V 面）为轴测投影面的轴测投影称为正面斜轴测投影；以水平面（H 面）为轴测投影面的轴测投影称为水平斜轴测投影。

1. 正面斜轴测图的画法

由于在正面斜轴测投影中坐标面 XOZ 平行于 V 面，形体在 XOZ 方向的投影是反映实形的。所以轴测轴 OZ 和 OX 的夹角为 90°，轴向伸缩系数为 1。OY 轴的轴向伸缩系数有两种：当 $q=1$ 时的斜轴测图称为正面斜等测图，当 $q=0.5$ 时称为正面斜二测图。斜二测的投影轴及轴间角和轴向伸缩系数见图 2-88。在绘制斜轴测图时，OY 轴的方向可根据

（a）　　　　　　　　　（b）　　　　　　　　　（c）

图 2-88　正面斜二测的投影轴及轴间角和轴向伸缩系数

需要选择，以便画出不同方向的轴测图。

例 2-19 作出如图 2-89（a）所示拱门的斜二测。

分析： 因为拱门的正面有圆，因此选用正面斜二测作图最为简便。拱门是由地台、门身和顶板三部分组成的，宜采用组合法（叠加法），按其相对位置逐一画出它们的轴测图，最后得到拱门整体的轴测图。选择拱门的前表面作为 XOZ 面，前表面圆心为坐标原点 O。

图 2-89 拱门的斜二测

作图步骤：

（1）在投影图上定出坐标轴和原点。取前表面圆心为原点 O，如图 2-89（a）所示。

（2）画轴测轴，作出门身的正面投影实形，如图 2-89（b）所示。

（3）过门身各顶点做出后表面投影，厚度沿 Y_1 反方向取，注意画出从门洞中能够看到的后边缘，如图 2-89（c）所示。

（4）作地台的斜轴测投影，厚度分别沿门身下表面 Y_1 反正两方向取，如图 2-89（d）所示。

（5）作顶板的斜轴测投影。作图时必须注意形体的相对位置，厚度分别沿门身上表面 Y_1 反正两方向取，如图 2-89（e）所示。

（6）最后擦去多余的作图线并描深，完成拱门的正面斜二测，如图 2-89（f）和（g）所示。

2. 水平斜轴测图的画法

水平斜轴测投影是以水平面作为轴测投影面，并使坐标面 XOY 平行于轴测投影面，形体在平行于 XOY 方向的轴测投影反映实形。轴间角 $XOY=90°$。一般将 OZ 轴铅垂绘制，OZ 轴的伸缩系数也有两种：当 $r=1$ 时，称为水平斜等轴测投影；当 $r=0.5$ 时，称为水平斜二测投影。这种轴测图，适宜用来绘制房屋的水平剖面或一个区域的总平面图，它可以表达建筑的内部布置，或一个区域中各建筑物、道路、设施等的平面位置及相互关系，以及建筑物和设施等的实际高度。水平斜轴测投影的轴间角和轴向伸缩系数如图 2-90 所示。

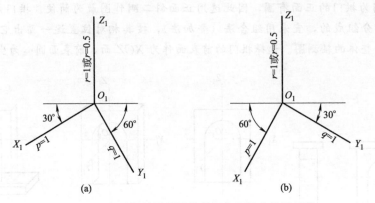

图 2-90　水平斜轴测投影的轴间角和轴向伸缩系数

例 2-20　作出如图 2-91（a）所示某区域总平面图的水平斜二测。

图 2-91　区域总平面图的水平斜二测

分析：水平斜轴测图常用于建筑总平面布置，这种轴测图也称为鸟瞰图。画图时先将水平投影向右旋转 30°，然后按建筑物的高度或高度的 1/2，画出每个建筑物。就成了该建筑群的鸟瞰图。本例选择地面为 XOY 面，建筑一角为坐标原点 O。

作图步骤：

（1）在投影图上定出坐标轴和原点。取建筑一角为原点 O，如图 2-91（a）所示。

（2）画轴测轴，使 O_1Z_1 轴为竖直方向，O_1X_1 轴与水平方向成 30°，O_1X_1 轴与 O_1Y_1 轴成 90°。根据水平投影作出各建筑物底面的轴测投影（与水平投影图的形状、大小及位置均相同）。沿 Z_1 轴方向，过各角点作建筑图可见棱线的轴测投影，并取各建筑物高度的一半，再画出各建筑物顶面的轮廓线，如图 2-91（b）所示。

（3）最后擦去多余的作图线并描深，完成总平面的水平斜二测，如图 2-91（b）所示。

四、轴测图的选择原则

画轴测图的目的是使所表达的图形能反映形体的主要形状，有立体感，并大致符合我们所看到形体时的具体形象。因此绘制轴测图时，应首先考虑选用哪种轴测图来表达形体，轴测图类型的选择直接影响到轴测图的表达效果。轴测图类型确定后还要选择适当的投影方向，使需要表达的部分最清楚。总之，轴测图的选择应以立体感强和作图简单快捷为原则。

1. 轴测图类型的选择

选择时，一般应优先采用正等测，尤其是形体上与坐标面平行的各表面有圆、半圆或圆角时采用正等测更合适，如图 2-92 所示。斜二测图则适用于和某一坐标面平行的平面图形比较复杂的形体，如图 2-93 所示。

图 2-92 两个坐标面均有圆的形体的正等轴测图

图 2-93 形体的正面斜二测图

在正投影图中，如果形体的表面有和正立面、水平面成 45°的或在正投影图中形体的交线位于和水平方向成 45°的平面内，宜采用斜二测图或正二测图。如图 2-94 所示，这种情况下正二测图的立体感较好。

(a) 平面图 (b) 正等测 (c) 正二测 (d) 斜二测

图 2-94 轴测图类型的选择

2. 投影方向的选择

在决定了轴测图的类型以后，还须根据形体的形状选择一适当的投影方向，使轴测图能清楚地反映形体所表达的部分。常用的方向有四种，见图 2-95。

(a) 前左俯视　　(b) 前右俯视　　(c) 后左仰视　　(d) 后右仰视

图 2-95　轴测图投影方向的选择

如图 2-96（a）所示的梁，图 2-96（b）是从左前上方向右后下方投射的结果，而图 2-96（c）是从右前下方向左后上方投射的结果。两个都是梁的正等轴测投影图，但图 2-96（c）更清楚地反映立体的形状特征。

(a)　　　　　　(b)　　　　　　(c)

图 2-96　梁的正等轴测图

绘图时轴测轴可明确地画出也可不画。应根据形体的形状特征，灵活选用不同的作图方法，如坐标法、叠加法、端面法等。轴测图中用粗实线画出形体的可见轮廓，不可见轮廓不画，必要时，也可用虚线画出。

3. 三种轴测图的比较

正面斜二测图有一个坐标面与投影面平行，平行于这个坐标面的几何图形的轴测投影反映实形，对于有一个面形状复杂或圆弧较多的形体，宜采用斜二测图，可使作图简便。按人的视觉效果来衡量，正轴测图优于斜轴测图，而正二测图又分别优于正等测图和斜二测图。但正二测图的轴测轴不能利用三角板上的现成角度直接画出，圆的投影作图较繁，因而较少采用。常用的是正等测图和斜二测图。

第五节　标　高　投　影

建筑物是建在地面上或地面下的。因此，地面的形状对建筑群的布置、建筑物的施工、各类建筑设施的安装等都有较大的影响。一般来讲，地面形状比较复杂，高低不平，没有一定规律。而且，地面的高度和地面的长度、宽度比较起来一般显得很小。如果用前面介绍的各种图示方法表示地面形状，则难以表达清楚，而标高投影可以解决此问题。标高投影属于单面正投影，标高投影图实际上就是标出高度的水平投影图。因此标高投影具有正投影的一些特性。

一、点、直线和平面的标高投影

1. 点的标高投影

如图 2-97 （a） 所示，设水平投影面 H 为基准面，其高度为零，点 A 在 H 面上方 4m，点 B 在 H 面上，点 C 在 H 面下方 3m。若在 A、B、C 三点水平投影 a、b、c 的右下角标明其高度值 4、0、-3（a_4、b_0、c_{-3}），就可得到 A、B、C 三点的标高投影图，见图 2-97 （b）。高度数值称为标高或高程，单位为米（m）。高于 H 面的点标高为正值；低于 H 面的点标高为负值，在数字前加"$-$"号；在 H 面上的点标高值为零。图中应画出由一粗一细平行双线所表示的比例尺。

(a) 空间状态　　　　　　　　　　(b) 标高投影

图 2-97　点的标高投影

由于水平投影给出了 X、Y 坐标，标高给出了 Z 坐标，因而根据一点的标高投影，就可以唯一确定点的空间位置。例如，由点 a_4 作垂直于 H 面的投射线，向上量 4m，即可得到点 A。

2. 直线的标高投影

(1) 直线的标高投影表示法

直线的位置是由直线上两点或直线上一点以及该直线的方向确定。因此，直线的标高投影有两种表示法。

① 直线的水平投影加注直线上两点的标高，见图 2-98 （b）。一般位置直线 AB、铅垂线 CD 和水平线 EF，它们的标高投影分别为 a_5b_2、c_5d_2 和 e_3f_3。

(a) 空间状态　　　　　　(b) 标高投影　　　　　　(c) 标高投影

图 2-98　直线的标高投影

② 直线上一个点的标高投影加注直线的坡度和方向，见图 2-98（c），图中箭头指向下坡，3：4 表示直线的坡度。

水平线也可由其水平投影加注一个标高来表示，见图 2-99。由于水平线上各点的标高相等，因而只标出一个标高值，该线称为等高线。

图 2-99 等高线

（2）直线的实长、倾角、刻度、平距和坡度

① 直线的实长、倾角　在标高投影中求直线的实长可采用正投影中的直角三角形法。如图 2-100 所示，以直线标高投影 a_6b_2 为一直角边，以 A、B 两端点的标高差（$6-2=4$）为另一直角边，用给定的比例尺作出直角三角形后，斜边即为直线的实长。斜边与标高投影的夹角等于直线 AB 与投影面 H 的夹角 α。

② 直线的刻度　将直线上有整数标高的各点的投影全部标注出来，即为对直线作刻度。如给线段 $a_{2.5}b_6$ 作刻度，见图 2-101。需要在该线段上找到标高为 3、4、5 的三个整数标高点的投影。可在表示实长的三角形上，作出标高为 3、4、5 的直线平行于 $a_{2.5}b_6$，由它们与斜边 $a_{2.5}B_0$ 的交点，向 $a_{2.5}b_6$ 作垂线，垂足即为刻度 3、4、5。

(a) 空间状态　　　　　　　　(b) 求实长与倾角

图 2-100　求线段的实长与倾角

图 2-101　给直线作刻度

③ 直线的坡度和平距　在标高投影中用直线的坡度和平距表示直线的倾斜程度。

直线上任意两点的高度差 ΔH 与其水平距离 L 之比称为该直线的坡度。也相当于两点间的水平距离为 1 单位长度（m）时的高度差 Δh。坡度符号用 i 表示，即

$$i = \Delta H / L = \Delta h / 1 = \tan\alpha$$

如图 2-102 中，直线 AB 的高度差 $\Delta H = 6 - 3 = 3$（m），用比例尺量得其水平距离 $L = 6m$，所以该直线的坡度

$$i = \Delta H / L = 3/6 = 1/2 = 1：2$$

当两点间的高差为 1 个单位长度（m）时的水平距离称为平距，用符号 I 表示，即

$$I = L / \Delta H = 1/i = \cot\alpha = 1/\tan\alpha$$

图 2-102　直线的坡度

由此可见，平距和坡度互为倒数。故直线的坡度越大，平距越小；反之，直线的坡度越小，平距越大。

例 2-21　如图 2-103 所示，已知直线 AB 的标高投影 $a_{3.2}b_{6.8}$ 和直线上一点 C 的水平投影 c，求直线上各整数标高点及 C 的标高。

作图步骤：

（1）平行于 $a_{3.2}b_{6.8}$ 作五条等距（间距按比例尺）的平行线；

（2）由点 $a_{3.2}b_{6.8}$ 作直线垂直于 $a_{3.2}b_{6.8}$；

（3）在其垂线上分别按其标高数字 3.2 和 6.8 定出 A、B 两点，连 AB 即为实长；

（4）AB 与各平行线的交点Ⅳ、Ⅴ、Ⅵ即为直线 AB 的整数标高点，由此可定出各整数标高点的投影 4、5、6；

（5）由 c 作 $a_{3.2}b_{6.8}$ 的垂线，与 AB 交于 C 点，就可以由长度 cC 定出 C 点的标高为 4.5m。

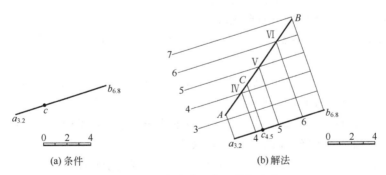

（a）条件　　　　（b）解法

图 2-103　求直线上各整数标高点

3. 平面的标高投影

（1）平面上的等高线和最大坡度线

等高线是平面上具有相等高程点的连线。平面上所有的水平线都是平面上的等高线，也可看成是水平面与该平面的交线。平面与水平面 H 的交线是高度为零的等高线。在实际工程应用中，常取整数标高的等高线。如图 2-104（a）中 0、1、2、…表示平面上的等高线；图 2-104（b）中 0、1、2、…表示平面上等高线的标高投影。等高线用细实线表示。

图 2-104　平面的标高投影

等高线有以下特性。

① 等高线是相互平行的直线；

② 等高线高差相等，水平间距也相等。

图中相邻等高线的高差为 1m，其水平间距就是平距。

最大坡度线就是平面上对 H 面的最大斜度线，平面上凡是与水平线垂直的直线都是平面的最大坡度线。根据直角投影定理，它们的水平投影相互垂直，见图 2-104（d）。最大坡度线的坡度就是该平面的坡度。

平面上带有刻度的最大坡度线的标高投影，称为平面的坡度比例尺，用平行的一粗一细双线表示。见图 2-104（c），P 平面的坡度比例尺用字母 P_i 表示。

（2）平面的表示法

平面的标高投影，可用几何元素的标高投影表示。即不在同一直线上的三点；一直线和直线外一点；相交两直线；平行两直线；任意一平面图形。

平面的标高投影，还可用下列形式表示。

① 用一组等高线表示平面：见图 2-104（b），一组等高线的标高数字的字头应朝向高处。

② 用坡度比例尺表示平面：见图 2-104（c），过坡度比例尺上的各整数标高点作它的垂线，就是平面上相应高程的等高线，由此来决定平面的位置。

③ 用平面上任意一条等高线和一条最大坡度线表示平面：见图 2-104（d），最大坡度线用注有坡度 i 和带有下降方向箭头的细实线表示。

④ 用平面上任意一条一般位置直线和该平面的坡度表示平面：见图 2-105（a），由于平面下降的方向是大致方向，故坡度方向线用虚线表示。

图 2-105　直线和平面的坡度表示平面

图 2-105（b）所示为根据上述两条件作出等高线的方法：过 a_2、b_5 分别有一条标高为 2、5 的等高线，它们之间的水平距离 L 应为

$$L=\Delta H/i=(5-2)/(1/2)=3\times2=6$$

以 b_5 为圆心、$L=6$ 为半径（按比例尺量取）画弧，过 a_2 作圆弧切线就得到标高为 2 的等高线。过 b_5 作平行线得到标高为 5 的等高线。将两等高线间距离三等分，并过等分点作平行线，得到 3、4 两条等高线。

⑤ 水平面的表示法：水平面用一个完全涂黑的三角形加注标高来表示。

（3）求两平面的交线

在标高投影中，求两平面的交线通常采用水平面作辅助平面。见图 2-106（a），用两个标高为 5 和 8 的水平面作辅助平面，与 P、Q 两面相交，其交线是标高为 5 和 8 的两对等高线，这两对等高线的交点 M、N 是 P、Q 两平面的公共点，连接 M、N 即为所求交线。

(a) 分析　　　　　　　　　　　(b) 作图

图 2-106　两平面相交

例 2-22　已知两个平面的标高投影。其中一个由坡度比例尺 a_0b_4 表示，另一个由等高线 3 和坡度线表示，坡度为 $1:2$。求两平面交线的标高投影，见图 2-107。

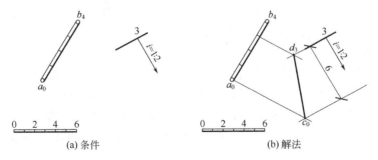

(a) 条件　　　　　　　　　　　　(b) 解法

图 2-107　求两平面的交线

分析：求两平面的交线，关键是作出两个平面上标高相同的两对等高线。在此取两组标高为 0 和 3 的等高线。

作图步骤：

（1）在由坡度比例尺表示的平面上，由刻度 0 和 3，作坡度比例尺的垂线，可得出等

高线 0 和 3；

（2）在由等高线 3 和坡度线表示的平面上，平距 $L = 1/i = 2$，则等高线 3 与 0 间距为 $3 \times 2 = 6$，根据比例尺，可作出标高为 0 的等高线；

（3）两对等高线分别交于 $c_0 d_3$，连 $c_0 d_3$ 即为所求。

在建筑工程中，把建筑物相邻两坡面的交线称为坡面交线，坡面与地面的交线称为坡脚线（填方）或开挖线（挖方）。

例 2-23 已知坑底的标高为 $-4\mathrm{m}$，坑底的大小和各坡面的坡度见图 2-108（a），地面标高为 0，求作开挖线和坡面交线。

作图步骤：

（1）求开挖线：地面标高为 0，因此开挖线就是各坡面上高程为 0 的等高线，它们分别与坑底的相应底边线平行，高差为 4m，水平距离 $L_1 = 2 \times 4 = 8$（m），$L_2 = (3/2) \times 4 = 6$（m），$L_3 = 1 \times 4 = 4$（m）；

（2）求坡面交线：连接相邻两坡面高程相同的两条等高线交点，即为四条坡面交线；

（3）将结果加深，画出各坡面的示坡线（画在坡面高的一侧，且一长一短相同间隔的细线，方向垂直等高线）。

| (a) 条件 | (b) 解法 |

图 2-108　求开挖线和坡面交线

二、曲面的标高投影

建筑上常见的曲面有锥面、同坡曲面和地形面等。曲面的标高投影，是由曲面上一组等高线表示的。这组等高线就是一组水平面与曲面的交线。

（1）圆锥曲面

如图 2-109 所示，正圆锥的等高线都是水平圆，它们的水平投影是大小不同的同心圆。把这些同心圆分别标出它们的高程，就是正圆锥面的标高投影。当圆锥正立时，标高向圆心递升；当圆锥倒立时，标高向圆心递减。正置的斜圆锥，如图 2-110 所示，由于该锥面的左侧坡度大，右侧坡度小，故等高线间距离左侧密，右侧稀，因而等高线为一些不同心的圆。

（2）同坡曲面

各处坡度均相等的曲面，称为同坡曲面，正圆锥面属于同坡曲面。如图 2-111（a）所示，一个正圆锥的锥顶沿着曲导线 $A_1 B_2 C_3$ 移动，各位置圆锥的包络面即为同坡曲面。同坡曲面的坡度线就是同坡曲面与圆锥相切的素线。因此，同坡曲面的坡度处处相等。

图 2-109　正圆锥面的标高投影

(a) 空间状况　　　(b) 标高投影

图 2-110　斜圆锥面
的标高投影

(a) 形成　　　(b) 标高投影

图 2-111　同坡曲面的形成及标高投影

如图 2-111（b）所示，已知空间曲导线的标高投影及同坡曲面的坡度，分别以 a_1、b_2、c_3 为圆心，用平距为半径差作出各圆锥面上同心圆形状的等高线，作等高线的包络切线，即为同坡曲面上的等高线。

同坡曲面常见于弯曲路面的边坡，它与平直路面的边坡相交，就是同坡曲面与平面相交。

例 2-24　图 2-112（a）所示为一弯曲倾斜引道与干道相连，若干道顶面的标高为

(a) 条件　　　(b) 标高投影

图 2-112　求各坡面等高线与坡面的交线

4m，地面标高为 0，弯曲引道由地面逐渐升高与干道相连。各边坡的坡度如图 2-112（a）所示，求各坡面等高线与坡面的交线。

作图步骤：

（1）引道两边的边坡是同坡曲面，其平距为 $L=1$ 单位。引道的两条路边即为同坡曲面的导线，在导线上取整数标高点 1、2、3、4（平均分割导线），作为锥顶的位置。

（2）以 1、2、3、4 为圆心，分别以 $R=1$、2、3、4 为半径画同心圆，即为各正圆锥的等高线。

（3）作出各正圆锥上同名等高线的包络线，就是同坡曲面上的等高线。

（4）干道的边坡坡度为 2∶1，则平距为 1/2，作出等高线。

（5）连接同坡曲面与干道坡面相同等高线的交点，即为两坡面的交线。

（3）地形图

用等高线表示地形面形状的标高投影，称为地形图。见图 2-113，由于地形面是不规则的曲面，所以它的等高线是不规则的曲线。它们的间隔不同，疏密不同。等高线越密，表示地势越陡峭；等高线越疏，表明地势越平坦。

(a) 空间状况   (b) 标高投影

图 2-113 地形图

为便于看图，地形图等高线一般每隔四条有一条画成粗实线，并标注其标高，这样的粗实线称计曲线。

例 2-25 已知管线两端的高程分别为 19.5m 和 20.5m，见图 2-114。求管线 AB 与地形面的交点。

分析：求直线与地面的交点，一般都是包含直线作铅垂面，作出铅垂面与地形面的交线，即断面的轮廓线，再求直线与断面轮廓线的交点，就是直线与地形面的交点。

作图步骤：

（1）在地形图上方作间距为 1 单位的平行线，且平行于 $a_{19.5}b_{20.5}$，标出各线的高程。

（2）在地形图上过管线 AB 作铅垂面 P。

（3）求断面图（P 面与地形面的截交线）：自 P_H 线与等高线相交的各地面点分别向上引垂线，并根据其标高找到它们在标高线上的相应位置，再把标高线上的各点连成曲线，即得地形断面图。

（4）根据标高投影 $a_{19.5}b_{20.5}$，在断面图上作出直线 AB。

（5）找出直线 AB 与地面线的交点 K_1、K_2、K_3、K_4。由此可在地形图中得到交点的标高投影。

例 2-26 如图 2-115 所示，路面标高为 62，挖方坡度 $i=1$，填方坡度 $i=2∶3$，求挖

(a) 条件

(b) 解法

图 2-114 求管线与地形图的交点

方、填方的边界线。

分析：该段道路由直道与弯道两部分组成。直道部分地形面高于路面，故求挖方的边界线。这段边界线实际就是坡度为 $i=1$ 的平面与地形面的交线。弯道部分地形面低于路面，故求填方的边界线。这段边界线实际就是坡度为 $i=2:3$ 的同坡曲面与地形面的交线。上述两种分界线均用等高线求解。

(a) 条件

图 2-115

(b) 求挖方、填方的边界

图 2-115　求道路两侧挖方、填方的边界线

作图步骤：

（1）地形面上与路面上高程相同点 a、b 为填挖分界点，左边为挖方，右边为填方；

（2）在挖方路两侧，根据 $i=1$（$L=1$）作出挖方坡面的等高线（平行于路面边界线）；

（3）在填方路面两侧，根据 $i=2:3$（$L=2/3$）作出填方坡面的等高线（实际就是以 O 为圆心，以平距差 $L=2/3$ 为半径的同心圆）；

（4）求出这些等高线与地形面上相同高度等高线的交点；

（5）用曲线依次连接各交点，即得到挖、填方的边界线。

第三章

建筑形体的表达方法

第一节 视 图

　　建筑形体的形状和结构是多种多样的，当其比较复杂时，仅用三面投影图表达是难以满足要求的。为此，在制图的国家标准中规定了多种表达方法，绘图时可根据建筑形体的形状特征选用。一般来讲，建筑形体往往要同时采用几种方法，以达到将其内外结构表达清楚的目的。

一、基本视图

　　当形体的形状比较复杂时，它的六个面的形状都可能不相同。若单纯用三面投影图表示则看不见的部分在投影图中都要用虚线表示，这样在图中各种图线过于密集、重合，不仅影响图面清晰，有时也会给读图带来困难。为了清晰地表达形体的六个方面，标准规定在三个投影面的基础上，再增加三个投影面组成一个方形立体。构成立方体的六个投影面称为基本投影面，如图 3-1（a）所示。把形体放在立方体中，将形体向六个基本投影面投

(a) 六面投影体　　　　　　　　　　　　(b) 形体的六面投影

图 3-1　基本投影面及基本视图的形成

影，可得到六个基本视图，如图 3-1（b）所示。

这六个基本视图的名称是：从前向后投射得到主视图（正立面图），从上向下投射得到俯视图（平面图），从左向右投射得到左视图（左侧立面图），从右向左投射得到右视图（右侧立面图），从下向上投射得到仰视图（底面图），从后向前投射得到后视图（背立面图）。括号里的名称为房屋建筑制图规定的名称，如图 3-2 所示。六个投影面的展开方法，如图 3-2（a）所示。正立投影面保持不动，其他各个投影面按箭头所指方向逐步展开到与正立投影面在同一个平面上。

(a) 六面视图展开　　　　　　　　　　　(b) 投影图的排列位置

图 3-2　六面基本视图

六个视图的投影对应关系是：

① 六视图的度量对应关系，仍保持"三等"关系，即主视图（正立面图）、后视图（背立面图）、左视图（左侧立面图）、右视图（右侧立面图）高度相等；主视图（正立面图）、后视图（背立面图）、俯视图（平面图）、仰视图（底面图）长度相等；左视图（左侧立面图）、右视图（右侧立面图）、俯视图（平面图）、仰视图（底面图）宽度相等。如图 3-2（b）所示。

图 3-3　视图配置

② 六视图的方位对应关系，除后视图（背立面图）外，其他视图在远离主视图（正立面图）的一侧，仍表示形体的前面部分。

在实际工作中，为了合理利用图纸，当在同一张图纸中绘制六面图或其中的某几个图时，图样的顺序应按主次关系从左至右依次排列，如图 3-3 所示。每个图样，一般均应标注图名，图名宜标注在图样的下方或一侧，并在图名下绘制一粗实线，其长度应以图名所占长度为准。

用正投影图表达形体时，正立面图应尽可能反映形体的主要特征，其他投影图的选用，可在保证形体表达完整、清晰的前提下，使投影图数量为最少，力求制图简便，如图3-4所示。

右侧立面图　　　　　　正立面图　　　　　　左侧立面图

背立面图　　　　　　平面图

图 3-4　房屋的基本视图

二、辅助视图

1. 局部视图

将形体的某一部分向基本投影面投影所得的视图称为局部视图。在建筑施工图中，分区绘制的建筑平面图属于局部视图。为了便于读图，标准规定分区绘制的建筑平面图应绘制组合示意图，标出该区在建筑平面图中的位置，如图3-5所示。各分区视图的分区部位及编号应一致，并与组合示意图一致。

(a) 1区示意图　　　　　　(b) 组合示意图

图 3-5　局部视图

2. 镜像视图

镜像视图是形体在镜面中的反射图形的正投影，该镜面应平行于相应的投影面，如图 3-6（a）所示。用镜像投影法绘制的平面图应在图名后注写"镜像"二字，以便读图时识别，如图 3-6（b）所示。必要时也可画出镜像视图的识别符号，如图 3-6（c）所示。

(a) 镜像投影的形成　　(b) 平面图(镜像)　　(c) 画出镜像投影识别符号

图 3-6　镜像视图

镜像视图可用于表示某些工程的构造，如板梁柱构造节点，如图 3-7 所示。因为板在上面，梁、柱在下面，按直接正投影法绘制平面图的时候，梁、柱为不可见，要用虚线绘制，这样给读图和绘图都带来不便。如果把 H 面当成镜面，在镜面中就得到了梁、柱的可见反射图像。镜像视图在装饰工程中应用较多，如吊顶平面图，是将地面看作一面镜子，得到吊顶的镜像平面图。

图 3-7　板梁柱构造节点的镜像视图

3. 展开视图

有些建筑形体的造型呈折线形或曲线形，此时该形体的某些面可能与投影面平行，而另外一些面则不平行。与投影面平行的面，可以画出反映实形的视图，而倾斜或弯曲的面则不可能反映出实形。为了同时表达出这些面的形状和大小，可假想将这些面展开至与某一个选定的投影面平行后，再用直接正投影法绘制，用这种画法得到的视图称为展开视图，如图 3-8 所示。

展开视图不做任何标注，只需在图名后面注写"展开"二字即可。

正立面图(展开)

图 3-8　展开视图

三、第三角投影

随着国际交流的日益增多，在工作中会遇到像英、美等采用第三角投影画法的技术图纸。按国家标准规定，必要时（如合同规定等），才允许使用第三角画法。

1. 第三角投影的概念

互相垂直的三个投影面（V、H、W）扩大后，可将空间分为八个部分，其中 V 面之前、H 面之上、W 面之左为第一分角，按逆时针方向，依次为称为第二分角、…、第八分角，如图 3-9（a）所示。我国制图标准规定，我国的工程图样均采用第一角画法，即将形体放在第一角中间进行投影。如果将形体放在第三角中间进行投影，则称为第三角投影，如图 3-9（b）所示。

2. 第三角投影法

如图 3-10（a）所示，把形体放在第三角中进行正投影，然后 V 面不动，将 H 面向上旋转 90°，将 W 面向右旋转 90°，便得到位于同一平面上的属于第三角投影的六面投影图，如图 3-10（b）所示。

3. 第三角与第一角投影比较

（1）共同点

均采用正投影法，在三面投影中均有"长对正，高平齐，宽相等"的三等关系。

(a) 八个分角   (b) 第三分角立体图

图 3-9   八分角及立体

(a) 六面视图展开   (b) 投影图的排列位置

图 3-10   第三角投影

(2) 不同点

① 观察者、形体、投影面三者的位置关系不同   第一角投影的顺序是"观察者—形体—投影面",即通过观察者的视线（投射线）先通过形体的各顶点,然后与投影面相交;第三角投影的顺序是"观察者—投影面—形体",即通过观察者的视线（投射线）先通过投影面,然后到达形体的各顶点。

视图中第一角、第三角投影分别用相应的符号表示,如图 3-11 所示。

② 投影图的排列位置不同   第一角画法投影面展开时,正立投影面（V）不动,水平投影面（H）绕 OX 轴向下旋转,侧立投影面（W）绕 OZ 轴向右向后旋转,使它们位于同一平面,其视图配置如图 3-2 所示;第三角画法投影面展开时,正立投影面（V）不动,水平投影面（H）绕 OX 轴向上旋转,侧立投影面（W）绕 OZ 轴向右向前旋转,使它们位于同一平面,其视图配置如图 3-10 所示。

(a) 第三角符号　　　　　　　　(b) 第一角符号

图 3-11　投影符号

第三角画法与第一角画法中六个基本视图的配置（如图 3-2 所示）相比较，可以看出：各视图以正立面为中心，平面图与底面图的位置上下对调，左侧立面图与右侧立面图左右对调，这是第三角画法与第一角画法的根本区别。

第二节　剖　面　图

在画建筑形体的投影时，形体上不可见的轮廓线在投影图上需要用虚线画出。这样，对于内形复杂的形体必然形成虚实线交错，混淆不清。长期的生产实践证明，解决这个问题的最好方法，是假想将形体剖开，让它的内部显露出来，使形体的看不见部分变成看得见的部分，然后用实线画出这些形体内部的投影图。

一、剖面图的形成

假想用一个（几个）剖切平面（曲面）沿形体的某一部分切开，移走剖切面与观察者之间的部分，将剩余部分向投影面投影，所得到的视图叫剖面图，简称剖面。剖切面与形体接触的部分，称为截面或断面，截面或断面的投影称为截面图或断面图。

图 3-12 为一钢筋混凝土基础的三面视图。由于有安装柱子用的杯口，所以主视图和

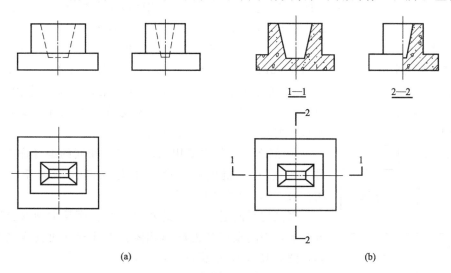

(a)　　　　　　　　　　　　　　　(b)

图 3-12

(c)

图 3-12　剖面图的形成

左视图中都有虚线，使图不够清晰，如图 3-12（a）所示。现假想用一个剖切平面 P（正平面）把基础假想剖开，移走剖切平面与观察者之间的那部分基础，将剩余的部分基础重新向投影面（V 面）进行投影，所得投影图叫剖面图，简称剖面，如图 3-12（b）所示。在剖面图上，原来不可见的线变成了可见线，而原外轮廓可见的线有部分变成不可见的了，此时不可见的线可不画，如图 3-12（c）所示。

二、剖面图的标注

剖面图的内容与剖切平面的剖切位置和投影方向有关，因此在图中必须用剖切符号指明剖切位置和投影方向。为了便于读图，还要对每个剖切符号进行编号，并在剖面图下方标注相应的名称。具体标注方法如下：

① 剖切位置在图中用剖切位置线表示。剖切位置线用两段粗实线绘制，其长度为 6～10mm。在图中不得与其他图线相交，如图 3-12（b）所示的俯视图左右的粗实线。

② 投影方向在图中用剖视方向线表示。剖视方向线应垂直画在剖切位置线的两侧，其长度应短于剖切位置线，宜为 4～6mm，并且粗实线绘制，如图 3-12（b）所示。

③ 剖切符号的编号，要用阿拉伯数字按顺序由左至右，由下至上连续编排，并写在剖视方向线的端部，编号数字一律水平书写，如图 3-12（b）所示"1"。

④ 剖面图的名称要用与剖切符号相同的编号命名，且符号下面加上一粗实线，命名书写在剖面图的正下方，如图 3-12（b）中的"1—1"。

当剖切平面通过形体的对称平面，而且剖面又画在投影方向上，中间没有其他图形相隔，上述标注可完全省略，例如，图 3-12（b）的标注便可省略。

剖切符号、投影方向和数字的组合标注方法如图 3-13 所示。

图 3-13　剖面图的标注

三、剖面图的画法

1. 确定剖切位置

剖切的位置和方向应根据需要来确定。如图 3-12 所示的基础，在主视图中有表示内部形状的虚线，为了在主视图上作剖面，剖切平面应平行正立投影面且通过形体的内部形状（有对称平面时应通过对称平面）进行剖切。

2. 画剖面

剖切位置确定后，就可假想把形体剖开，画出剖面图。剖切平面剖切到的部分画图例线，通常用 45°细实线表示。各种建筑图例见《房屋建筑制图统一标准》（GB/T 50001—2017）。

由于剖切是假想的，画其他方向的视图或剖面图仍是完整的。

应当注意：画剖面时，除了要画出形体被剖切平面切到的图形外，还要画出被保留的后半部分的投影，如图 3-12（b）所示的 1—1 剖面图。

四、剖面图中应注意的几个问题

① 剖面图只是假想用剖切面将形体剖切开，所以画其他视图时仍应按完整的考虑，而不应只画出剖切后剩余的部分，如图 3-14 所示（a）为错误画法，（b）为正确画法。

② 分清剖切面的位置。剖切面一般应通过形体的主要对称面或轴线，并要平行或垂直于某一投影面，如图 3-15 所示 1—1 剖面通过前后对称面，平行于正立投影面。

③ 当沿着筋板或薄壁纵向剖切时，剖面图不画剖面线，只用实线将它和相邻结构分开。

④ 当在剖面图或其他视图上已表达清楚的结构、形状，而在剖面图或其他视图中此部分为虚线时，一律不画出，如图 3-15（b）所示的主视图，1—1 剖面图中

(a) 错误　　　　　　　(b) 正确

图 3-14　其他视图画法

的虚线省略。但没有表示清楚的结构、形状，需在剖面图或其他视图上画出适量的虚线。

五、剖面图的种类

1. 全剖面图

（1）定义

用剖切面完全剖开形体的剖面图称为全剖面图，简称全剖面。如图 3-15 所示。

（2）适用范围

适用于形体的外形较简单，内部结构较复杂，而图形又不对称的情况。外形简单的回

转体形体为了便于标注尺寸也常采用全剖面。

（3）标注

如图 3-15（b）所示。但是，对于采用单一剖切面通过形体的对称面剖切，且剖面图按投影关系配置，也可以省略标注。如图 3-15（b）所示的 1—1 剖面标注可以省略。

（a）全剖面图的形成　　　　　　　　　　（b）画全剖面图

图 3-15　全剖面图

2. 半剖面图

（1）定义

当形体具有对称平面时，向垂直于对称平面的投影面上投影所得的图形，可以以对称中心线为界，一半画成剖面图，一半画成视图，这种剖面图称为半剖面图，简称半剖面。如图 3-16 所示。

画半剖面图时，当视图与剖面图左右配置时，规定把剖面图画在中心线的右边。当视图与剖面图上下配置时，规定把剖面图画在中心线的下边。

注意：不能在中心线的位置画上粗实线。

（a）半剖面图的形成　　　　　　　　　　（b）半剖面图

图 3-16　半剖面图

（2）适用范围

半剖面图的特点是用剖面图和视图的各一半来表达形体的内部结构和外形。所以当形体的内外形状都需要表达，且图形又对称时，常采用半剖面图，如图 3-16 所示的左视图。

（3）标注

如图 3-16 所示，在视图上的半剖面图，因剖切面与形体的对称面重合，且按投影关系配置，故可以省略标注，即 2—2 剖面的标注可以省略。

3. 局部剖面图

（1）定义

用剖切面局部地剖开形体所得的剖面图称为局部剖面图，简称局部剖面。如图 3-17、图 3-18 所示的结构，若采用全剖面不能把各层结构表达出来，而且画图也麻烦，这种情况宜采用局部剖面。剖切后其断裂处用波浪线分界以示剖切的范围。

(a)　　　　　　　　　　　　　　　　　(b)

图 3-17　地面的分层局部剖面图

图 3-18　杯型基础局部剖面图

(2) 适用范围

局部剖面是一种比较灵活的表示方法，适用范围较广，怎样剖切以及剖切范围多大，需要根据具体情况而定。

(3) 标注

局部剖面图一般剖切位置比较明显，故可省略标注。

4. 阶梯剖面图

(1) 定义

用几个相互平行的剖切面把形体剖切开所得到的剖面图称为阶梯剖面图，简称阶梯剖面。如图 3-19 所示。

(a) 阶梯剖面图的形成　　　(b) 阶梯剖面图

图 3-19　阶梯剖面图

注意：剖切面的转折处不应与图上轮廓线重合，且不要在两个剖切面转折处画上粗实线投影，如图 3-19（b）所示主视图。

(2) 适用范围

当形体上的孔、槽、空腔等内部结构不在同一平面内而呈多层次时，应采用阶梯剖面图。

(3) 标注

阶梯剖面图应标注剖切位置线、剖视方向线和数字编号，并在剖面图的下方用相同数字标注剖面图的名称，如图 3-19（b）所示。

5. 旋转剖面图

(1) 定义

用相交的两剖切面剖切形体所得到的剖面图称旋转剖面图，简称旋转剖面，如图 3-20 所示。

(2) 适用范围

当形体的内部结构需用两个相交的剖切面剖切，且一个剖面图可以以两个剖切面的交线为轴，旋转到另一个剖面图形的平面上时，宜适合采用旋转剖面图，如图 3-20 所示。

(3) 标注

旋转剖面图应标注剖切位置线、剖视方向线和数字编号，并在剖面图下方用相同数字标注剖视图的名称。如图 3-20 所示主视图中的"2—2（展开）"。

图 3-20　旋转剖面图

注意：画旋转剖面图时应注意剖切后的可见部分仍按原有位置投影，如图 3-20 所示的右边小孔。在旋转剖面图中，虽然两个剖切平面在转折处是相交的，但规定不能画出其交线。

六、剖面图尺寸标注

剖面图中的尺寸标注方法与建筑形体视图的尺寸标注方法基本相同，均应遵循制图标准中的有关规定。对于半剖面图，因其图形不完整而造成尺寸组成欠缺时，在尺寸组成完整的一侧，尺寸线、尺寸界线和标注方法依旧，尺寸数字仍按图形完整时注出，但需将尺寸线画过对称中心线。如例 3-1 中主视图尺寸 70、30、60、120 和半圆孔 $R15$、$R20$。

剖面图中画剖面线的部分，如需标注尺寸数字，应将相应的剖面线断开，不要使剖面线穿过尺寸数字。

七、剖面图作图示例

例 3-1　如图 3-21 所示，将视图改画成适当剖面图，并重新标注尺寸。

分析：此形体为一空腔结构，形体左右对称，故主视图宜改画半剖视图，俯视图宜改画半剖视图，形体前后不对称，左视图宜改画全剖视图。

作图步骤：

(1) 分析视图与投影，想清楚形体的内外形状。

(2) 确定剖面图的部切位置；此时剖切平面应平行于 V 面和 W 面，且通过对称轴线。

(3) 想清楚形体剖切后的情况：哪部分移走，哪部分留下，谁被切着了，谁没被切着，没被切着的部位后面有无可见轮廓线的投影？

(4) 切着的部分断面上画上图例线。画图步骤一般是先画整体，后画局部；先画外形轮廓，再画内部结构，注意不要遗漏后面的可见轮廓线，如图 3-22 (a) 所示。

(5) 检查、加深、标注，最后完成作图，如图 3-22 (b) 所示。

图 3-21 已知形体

(a)

图 3-22　剖面图

第三节　断　面　图

一、断面图的形成

假想用剖切平面将形体切开，只画出被切到部分的图形称为断面图，简称断面。如图 3-23 所示。

断面图主要用于表达形体某一部位的断面形状。把断面同视图结合起来表示某一形体时，可使绘图大为简化。

二、断面图的标注

只有画在投影图之外的断面图才需要标注，如图 3-23 所示。断面图要用剖切符号表明剖切位置和投射方向。剖切位置的

图 3-23　断面图

画法同剖面图，用长度为 6～10mm 的短粗实线画出剖切位置线。断面图用编号的注写位

置表示投影方向，例如编号写在剖切位置线右侧，表示投影方向向右，如图 3-23 所示。编号写在剖切位置线的下方，表示投射方向向下，如图 3-24（d）所示。断面图的编号、材料图例、图线线型均与剖面图相同，图名注写时只写上编号即可，不再写"断面图"三个字。

三、断面图与剖面图的区别

如图 3-24（a）所示的牛腿工字柱表示了断面图与剖面图的区别。

① 性质上　剖面图是切开后余下部分的投影，是体的投影。而断面图只是切开后断面的投影，是面的投影。剖面图中包含断面图，而断面图只是剖面图中的一部分。如图 3-24（c）和（d）所示。

② 画法上　剖面图是画出切平面后的所有可见轮廓线，而断面图只画出切口的形状，其余轮廓线即使可见也不画出。

③ 标注上　剖面图既要画出剖切位置线又要画出投射方向线，而断面图则只画剖切位置线，其投影方向用编号的注写位置来表示。

④ 剖切形式上　剖面图的剖切平面可以发生转折，而断面图每次只能用一个剖面去剖切，不允许转折。

图 3-24　剖面图与断面图的区别

四、断面图的种类和画法

根据断面在绘制时所配置的位置不同，断面分为以下三种。

1. 移出断面图

画在视图外的断面图称为移出断面图，移出断面的轮廓线用粗实线绘制，配置在剖切线的延长线上或其他适当位置，如图 3-24（d）所示。

2. 重合断面图

将断面展成90°画在视图内的断面图称为重合断面图，轮廓线用细实线绘制。当视图中轮廓线与重合断面的图形重叠时，视图中的轮廓线仍应连续画出，不可中断，如图 3-25 为墙面装饰的重合断面图。

图 3-25　墙面装饰的重合断面图

图 3-26 为现浇钢筋混凝土楼面的重合断面图。因楼板图形较窄，不易画出材料图例，故用涂黑表示。

图 3-26　楼面的重合断面图

3. 中断断面图

当形体较长，且沿长度方向断面图形状相同或按一定规律变化时，可以将断面图画在视图中间断开处，这种断面图称为中断断面图，如图 3-27 所示。中断断面图轮廓线用粗实线表示。

图 3-27　中断断面图

五、断面图作图示例

如图 3-28 （a）所示为一钢筋混凝土空腹鱼腹式吊车梁。该梁通过完整的正立面图和六个移出断面图，清楚地表达了梁的构造形状，如图 3-28 （b）所示。

图 3-28 钢筋混凝土空腹鱼腹式吊车梁

第四节 轴测剖面图

假想用剖切平面将形体的轴测图剖开，然后作出轴测图，这种对图形的表达，称为轴测剖面图。轴测剖面图既能直观地表达外部形状又能准确看清内部构造。

轴测剖面图画法的一些规定：

① 为了使轴测剖面图能同时表达形体的内、外形状，一般采用互相垂直的平面剖切形体的 1/4，剖切平面应选取通过形体主要轴线或对称面的投影面平行面作为剖切平面，如图 3-29 所示。

② 在轴测剖面图中，断面的图例线不再画 45°方向斜线，而与轴测轴有关，其方向应按如图 3-30 所示方法绘出。在各轴测轴上，任取一单位长度并乘该轴的变形系数后定点，

然后连线，即为该坐标面轴测图剖面线的方向。

图 3-29 剖切平面图位置

图 3-30 正等轴测剖面线画法

③ 当沿着筋板或薄壁纵向剖切时，轴测剖面图和剖面图一样都不画剖面线，只用实线将它和相邻结构分开，如图 3-31 所示。

(a) 筋板在轴测剖面图中的画法　　　(b) 筋板在剖面图中的画法

图 3-31 筋板在轴测剖面图、剖面图中的画法

例 3-2 如图 3-32 所示，根据柱顶节点的投影图，作出它的正等轴测剖面图。

图 3-32 柱顶节点三视图

　　分析：本例柱顶节点由楼板、柱子、主梁、次梁组成，若想表达清楚，需要画出节点的仰视图，即选择从下向上的投影方向。因此，需要画出节点的正等轴测仰视剖面图。

　　作图步骤：

　　（1）画楼板，如图 3-33（a）所示。

　　（2）画柱子，先定出柱子在楼板的位置 ［如图 3-33（b）所示］，再画出完整的柱子 ［如图 3-33（c）所示］。

(a)

(b)

(c)

(d)

(e)

(f)

(g)

(h)

图 3-33　柱顶节点轴测剖面图的画法

（3）画主梁，先定出主梁在楼板的位置［如图 3-33（d）所示］，再画出完整的主梁［如图 3-33（e）所示］，注意画出主梁与楼板、主梁与柱子的交线。

（4）画次梁，先定出次梁在楼板的位置［如图 3-33（f）所示］，再画出完整的次梁［如图 3-33（g）所示］，注意画出次梁与楼板、次梁与柱子、次梁与主梁的交线。

（5）剖切的断面画上图例线。注意图例线的方向，图例线是细实线，如图 3-33（h）所示。

（6）检查、加深，完成作图，如图 3-33（h）所示。

第五节 简 化 画 法

为了简化制图并提高效率，国家标准规定了一些简化画法。掌握技术图样的简化画法，可以加快识图进程，下面对其中的部分简化画法进行介绍。

一、对称形体的简化画法

当不致引起误解时，对具有对称性的形体，其视图可画一半或四分之一，并在对称线的两端画出对称符号，如图 3-34（a）所示。图形也可稍超出其对称线，此时可不画对称符号，如图 3-34（b）所示。

(a) 画对称符号　　　　　　　　　　(b) 不画对称符号

图 3-34　对称的简化画法

对称的形体，需画剖（断）面图时，也可以以对称符号为界，一半画外形图，一半画剖（断）面图，例如半剖面图。

对称符号用两条平行的细实线表示，线段长为 6～10mm，间距为 2～3mm，且画在对称线的两端，如图 3-34（a）所示。

二、折断画法

当只需表达形体的某一部分形状时，可假想把不需要的部分折断，画出保留部分的图形后在折断处画上折断线，这种画法称为折断画法，如图 3-35 所示。

图 3-35　折断画法

三、断开画法

较长的构件，如沿长度方向的形状相同或按一定规律变化，可假定将形体折断并去掉中间部分，只画出两端部分，这种画法称为断开画法。断开省略绘制，断开处应以折断线表示，尺寸数值按实际长度标注，如图 3-36 所示。

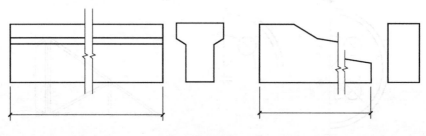

图 3-36　断开画法

四、相同要素的省略画法

当构配件内有多个完全相同且按一定规律排列的结构要素时，可仅在两端或适当位置画出其完整形状，其余部分以中心线或中心线交点表示，如图 3-37 所示。

图 3-37　相同要素的省略画法

五、连接省略画法

一个构件如果与另一构件仅部分不相同，该构件可只画不同部分，但应在两个构件的相同部分与不同部分的分界线处分别画上连接符号，两个连接符号应对准在同一线上，如图 3-38 所示。连接符号用折断线表示，并标注出相同的大写字母。

六、同一构件的分段画法

同一构配件，如绘制位置不够，可分段绘制，并应以连接符号表示相连，连接符号应以折断线表示连接的部位，并用相同的字母编号，如图 3-39 所示。

图 3-38　连接省略画法　　　　　　　图 3-39　同一构件的分段画法

七、不剖形体的画法

当剖切平面纵向通过薄壁、筋板、柱、轴等实心形体的轴线或对称平面时，这些部分不画图例线，只画出外形轮廓线，此类形体称为不剖形体，如图 3-40 所示。

八、局部放大画法

当形体的局部结构图形过小时，可采用局部放大画法。画局部放大图时，应用细实线圈出放大部位，并尽量放在放大部位附近。若同一形体有几个放大部位时，应用罗马数字按顺序注明，并在放大图的上方标注出相应的罗马数字及采用的比例，如图 3-41 所示。

图 3-40　不剖形体　　　　　　　　　图 3-41　局部放大画法

第四章

建筑构造

　　建筑构造是研究建筑物的构成、各组成部分之间相互组合的原理和构造方法的学科，是建筑设计不可缺少的一部分。建筑构造的主要任务是根据建筑物的功能要求，研究并提供适用、安全、经济、美观的构造方案，它是建筑设计中综合解决技术问题及进行施工图设计、绘制大样图等的依据。要读懂建筑施工图，就要了解其相关知识。

第一节　地基与基础

一、地基

　　在建筑工程上，把建筑物与土壤直接接触的部分称为基础。把支承建筑物重量的土层叫地基。基础是建筑物的重要组成部分，是建筑地面以下的承重构件，它承受着建筑物的上部荷载，并将这些荷载连同基础自身的重量传给地基。地基是支撑基础的岩体和土体，但不是建筑物的组成部分。

　　地基可分为天然地基和人工地基两类。凡天然土层本身具有足够的强度，能直接承受建筑物荷载的地基称为天然地基。须预先对土壤层进行人工加工或加固处理后才能承受建筑物荷载的地基称人工地基。人工加固地基通常采用压实法、换土法、打桩法以及化学加固法等。

二、基础

（一）基础的埋置深度
　　从室外设计地面至基础底面的垂直距离称基础的埋置深度，简称基础的埋深。

　　基础的最小埋置深度不应小于 500mm。根据基础埋置深度的不同，基础有深基础、浅基础和不埋基础之分。埋置深度大于 4m 的称深基础；埋置深度小于等于 4m 的称浅基础；当基础直接做在地表面上的称不埋基础。

（二）基础的类型
　　基础的类型较多，按基础所采用材料和受力特点分，有刚性基础和柔性基础；依构造形式分，有条形基础、独立基础、井格基础、筏形基础、箱形基础和桩基础等。

1. 按材料及受力特点分类

(1) 刚性基础

由刚性材料制作的基础称刚性基础。刚性材料，一般是指抗压强度高而抗拉、抗剪强度低的材料。如砖、石砌体基础、混凝土基础等。

由于地基承载力的限制，建筑物上部结构通过基础将其荷载传给地基时，只有将基础底面积不断扩大，才能满足要求。上部结构在基础中传递压力只能在材料允许的范围内沿一定角度分布，这个传力角称刚性角，以 α 表示，见图 4-1 (a)。

由于刚性材料抗压能力强，抗拉能力差，压力分布角只能控制在材料的抗压范围内。如果基础底面宽度超过控制范围，即由 B_0 增大到 B_1，致使刚性角扩大。这时，基础会因受拉而破坏，见图 4-1 (b)。所以，刚性基础底面宽度的增大要受到刚性角的限制。

(a) 基础受力在刚性角范围以内　　　　(b) 基础宽度超过刚性角范围而破坏

图 4-1　刚性基础的受力特点

不同材料基础的刚性角是不同的，通常砖砌基础的刚性角控制在 $26°\sim33°$ 之间为好，混凝土基础应控制在 $45°$ 以内。

(2) 柔性基础

当建筑物的荷载较大而地基承载能力较小时，基础底面 B_0 加宽，由于刚性角的限制，如果仍采用混凝土材料，势必导致基础的埋深加大。既增加了挖土工作量，又使材料用量增加。这样可以在混凝土基础的底部配以钢筋，利用钢筋来承受拉力，使基础底部能够承受较大弯矩。这时，基础宽度的加大不受刚性角的限制，故称钢筋混凝土基础为柔性基础。

2. 按基础的构造形式分类

基础构造形式的确定随建筑物上部结构形式、荷载大小及地基土质情况而定。

(1) 条形基础

当建筑物上部结构采用砖墙或石墙承重时，基础沿墙身设置，多做成长条形，这种基础称条形基础，见图 4-2。所以，条形基础往往是砖石墙承重的基础形式。

(2) 独立基础

当建筑物上部结构采用框架结构或单层排架及门架结构承重时，常采用单独基础，称

图 4-2 条形基础

独立基础或柱式基础，见图 4-3。当柱采用预制构件时，基础做成杯口形，将柱子插入，并嵌固在杯口内，称杯形基础，见图 4-3（b）。独立基础是柱下基础的基本形式。

图 4-3 独立基础

（3）井格基础

当框架结构处在地基条件较差的情况时，为了提高建筑物的整体性，避免不均匀沉降，常将柱下基础沿纵、横方向连接起来，做成十字交叉的井格基础，见图 4-4。

图 4-4 井格基础

（4）满堂基础

满堂基础包括筏形基础和箱形基础。

① 筏形基础　当建筑物上部荷载较大，而地基承载能力又比较弱，常将墙或柱下基础连成一片，使整个建筑物的荷载承受在一块整板上，称筏形基础。

筏形基础有平板式和梁板式之分。梁板式筏形基础见图 4-5。在天然地表上，将场地平整并用压路机将地表土碾压密实后，在较好的持力层上，浇灌钢筋混凝土平板，形成不埋板式基础，见图 4-6。

图 4-5 梁板式筏形基础

图 4-6 不埋板式基础

② 箱形基础　箱形基础是由钢筋混凝土的底板、顶板和若干纵横墙组成的，形成空心箱体的整体结构，共同承受上部结构荷载，见图 4-7。箱形基础整体空间刚度大，能抵抗地基的不均匀沉降。基础内部空间部分可构成地下室。

图 4-7 箱形基础

以上是常见基础的几种基本结构形式。此外，我国还采用了许多不同材料、不同形式的基础，如灰土基础、壳体基础等。

（5）桩基础

当建造比较大的工业与民用建筑时，若地基的土层较弱较厚，采用浅埋基础不能满足地基的强度和变化要求，常采用桩基。桩基的作用是将荷载通过桩传给埋藏较深的坚硬土层（端承桩），或通过桩周围的摩擦力传给地基（摩擦桩）。

目前，桩广泛采用钢筋混凝土材料。按施工方法可分为预制桩和灌注桩两大类。灌注桩又可分为振动灌注桩、钻孔灌注桩和爆扩灌注桩三种。

三、地下室的防潮、防水

地下室是建筑物中处于室外地面以下的房间。地下室按构造形式分为全地下室、半地下室两种。在房屋底层以下建造地下室，可以提高建筑用地效率。

地下室顶板的底面标高高于室外地面标高的称半地下室，即房间地面低于室外设计地面的平均高度大于该房间平均净高1/3，且小于等于1/2者。这类地下室一部分在地面以上，可利用侧墙外的采光井解决采光和通风问题。

地下室顶板的底面标高低于室外地面标高的，称为全地下室。一些高层建筑基础埋深很大，充分利用这一深度来建造地下室，其经济效果和使用效果俱佳。

地下室的外墙、底板将受到地潮或地下水的侵蚀，因此必须保证地下室在使用时不受潮、不渗漏。地下室的防潮、防水做法取决于地下室地坪与地下水位的关系。

1. 地下室的防潮

当地下水的常年水位和最高水位都在地下室地坪标高以下时，见图4-8，地下水不能直接侵入室内，墙和地坪仅受到土层中地潮的影响。地潮是指土层中的毛细管水和地面水下渗而造成的无压水。这时地下室只需做防潮处理。

其构造做法：墙体必须采用水泥砂浆砌筑，在外墙外表面先抹一层20mm厚水泥砂浆找平层后，涂刷冷底子油一道和热沥青两道，需涂刷至室外散水坡处。然后在防潮层外侧回填低渗透性土壤，并逐层夯实，土层宽500mm左右，以防地表水的影响，见图4-8（a）。

地下室所有的墙体都必须设两道水平防潮层，一道设在地下室地坪附近，一般设置在地坪的结构层之间；另一道设在室外地面散水坡以上150～200mm的位置，以防地潮沿地下墙身或勒脚处墙身入侵室内。

地下室地坪的防潮构造见图4-8（b）。

图4-8 地下室防潮构造

2. 地下室的防水

当设计最高地下水位高于地下室地坪时，地下室的外墙和地坪均受到水的侵袭，见

图 4-9（a），地下室外墙受到地下水侧压力的影响，地坪受到地下水浮力的影响。这时必须考虑对地下室外墙和地坪做防水处理。

地下室的防水按所用材料不同，包括柔性防水和刚性防水。

地下室采用砖墙承重的，地下室防水多采用外包式柔性防水处理，见图 4-9（b）。外包式防水是将防水层贴在迎水面，即地下室外墙的外表面，这对防水较为有利，缺点是维修困难；内包式防水是将防水层贴在背水的一面，即地下室墙身的内表面，这时施工方便，便于维修，但对防水不太有利。

(a) 水压情况   (b) 防水层构造

图 4-9　地下室的柔性防水构造

柔性防水有油毡防水和冷胶料加衬玻璃布防水。采用油毡防水时，先在墙面抹 20mm 厚 1∶3 水泥砂浆找平层，涂刷冷底子油一道，然后油毡借热沥青胶分层粘贴，油毡沿地坪连续粘贴到外墙外表面，粘贴高度应高出水头 0.5～1m，其上部分进行防潮处理。最后以半砖墙进行保护。采用涂料冷胶粘贴防水层时，是采用橡胶沥青防水涂料配以玻璃纤维布或聚酯无纺布等加筋层进行铺贴。它的防水效果、耐老化性能均较油毡防水层好。

对地下室地坪的防水处理，是在土层上先浇混凝土垫层作底板，板厚约 100mm。满铺防水层，然后在防水层上抹 20mm 厚水泥砂浆保护层，浇筑钢筋混凝土。地坪防水层必须留出足够的长度以便与垂直防水层搭接。

根据结构和防水的需要，地下室的地坪与墙体一般都采用钢筋混凝土材料。这时，采用防水混凝土材料为佳。防水混凝土的配制和施工是借不同的集料级配，以提高混凝土的密实性；或在混凝土内掺入一定量的外加剂，以提高混凝土自身的防水性能。

防水混凝土外墙、底板，均不宜太薄。一般外墙厚应为 200mm 以上，底板厚应在 150mm 以上，否则会影响抗掺效果。为防止地下水对混凝土侵袭，在墙外侧应抹水泥砂浆、冷底子油一道，热沥青两道，见图 4-10。

图 4-10　防水混凝土做地下室的处理

第二节 墙 体

墙体是建筑物的重要组成构件，占建筑物总重量的 30%～45%。墙体在建筑中起着承重、围护、分隔和改善环境等作用。

一、墙体的类型

1. 按照其在建筑物所处位置不同分类

墙体依其在建筑房屋所处位置的不同，有内墙和外墙之分。凡位于建筑物外界四周的墙称外墙。凡位于建筑内部的墙称内墙。墙体有纵墙、横墙之分。凡沿建筑物短轴方向布置的墙称横墙，横向外墙一般称山墙。而沿建筑物长轴方向布置的墙称纵墙，纵墙有内纵墙与外纵墙之分。在一片墙上，窗与窗或门与窗之间的墙称窗间墙。窗洞下部的墙称窗下墙或窗肚墙。墙体各部分名称见图 4-11。

图 4-11 墙体各部分名称

2. 按照结构受力情况不同分类

墙体根据结构受力情况不同，有承重墙和非承重墙之分。凡直接承受上部屋顶、楼板所传来荷载的墙称承重墙。不承受上部荷载的墙称非承重墙。非承重墙包括隔墙、填充墙和幕墙。凡分隔内部空间其重量由楼板或梁承受的墙称隔墙；框架结构中填充在柱子之间的墙称框架填充墙；悬挂于外部骨架或楼板间的轻质外墙称幕墙，它包括金属幕墙、玻璃幕墙等。

3. 按照墙体材料不同分类

墙体按所用材料不同，可分为砖墙、石墙、土墙、混凝土墙及钢筋混凝土墙等。多种材料结合的组合墙和利用工业废料发展墙体材料也开始推广应用。

4. 按照构造和施工方法的不同分类

墙体根据构造和施工方式的不同，有叠砌式墙、板筑墙和装配式墙。叠砌式墙包括实砌砖墙、空斗墙和砌块墙等。叠砌式墙是利用不同形式、不同规格构件，借手工或小型机具砌筑而成的。板筑墙则是施工时，直接在墙体部位竖立模板，然后在模板内夯筑或浇筑材料捣实而成的墙体。装配式墙是在预制厂生产墙体构件，运到施工现场进行机械安装的墙体。

二、砖墙

（一）砖墙材料

砖墙是用砂浆将砖按一定规律砌筑而成的砌体。其主要材料是砖与砂浆。

1. 砖

砖的种类很多，依其材料分有黏土砖、炉渣砖、灰砂砖等；依生产形状分有实心砖、多孔砖和空心砖等。普通黏土砖根据生产方法的不同，有青砖和红砖之分。

2. 砂浆

砂浆是砌体的黏结材料。它将砖块胶结成为整体，并将砖块之间的空隙填平、密实，便于使上层砖块所承受的荷载能逐层均匀地传至下层砖块，以保证砌体的强度。

砌筑墙体的砂浆常用的有石灰砂浆、水泥砂浆和混合砂浆三种。石灰砂浆由石灰膏、砂加水拌和而成，它属气硬性材料，强度不高，多用于砌筑次要的民用建筑中地面以上的砌体；水泥砂浆由水泥、砂加水拌和而成，它属水硬性材料，强度高，较适合于砌筑潮湿环境下的砌体；混合砂浆由水泥、石灰膏、砂加水拌和而成，这种砂浆强度较高，和易性和保水性较好，常用于砌筑地面以上的砌体。

（二）实体墙的组砌方式

标准砖的规格为240mm×115mm×53mm（长×宽×厚）。砖墙的砌式主要指砖块在砌体中的排列方式。以标准黏土砖为例，砖墙可根据砖块尺寸和数量采用不同的排列，借砂浆形成的灰缝，组合成各种不同的墙体。用标准砖砌筑墙体，常见的墙厚名称见表4-1。

表 4-1　墙厚名称

墙厚名称	习惯称呼	实际尺寸/mm	墙厚名称	习惯称呼	实际尺寸/mm
半砖墙	12 墙	115	一砖半墙	37 墙	365
3/4 砖墙	18 墙	178	二砖墙	49 墙	490
一砖墙	24 墙	240	二砖半墙	62 墙	615

实体墙常见的砌式有全顺式、一丁一顺式、一丁多顺式、每皮丁顺相间式及两平一侧式（18墙）等。

为了保证墙体的强度，作为砖砌体，必须保证横平竖直，错缝搭接，砂浆饱满，灰缝均匀。

（三）墙体的细部构造

墙体的细部构造包括墙脚、窗台、门窗过梁和圈梁等。

1. 墙脚

墙脚通常是指基础以上、室内地面以下的那部分墙身。墙脚包括勒脚、防潮层、散水和明沟等。

(1) 勒脚

勒脚是墙身接近室外地面的部分。一般情况下，其高度为室内地坪与室外地面的高差部分。它起着保护墙身和增加建筑物立面美观的作用。在构造上须采取相应的防护措施。

勒脚按材料不同有石砌勒脚和抹灰勒脚。石砌勒脚是对勒脚容易遭到破坏的部分采用坚固的材料，如石块进行砌筑，或以石板作贴面进行保护，见图 4-12（a）、（b）。抹灰勒脚是为防止室外雨水对勒脚部位的侵蚀，常对勒脚的外表面进行水泥砂浆抹面或其他有效的抹面处理。为防止抹灰起壳脱落，常用增加抹灰的"咬口"进行加强，见图 4-12（c）、（d）。

| (a) 毛石勒脚 | (b) 石板贴面勒脚 | (c) 抹灰勒脚 | (d) 带咬口抹灰勒脚 |

图 4-12　勒脚

(2) 防潮层

勒脚受潮会影响墙身，解决的办法是在勒脚处设防潮层，有水平防潮和垂直防潮两种。

① 水平防潮　水平防潮是对建筑物内外墙体沿勒脚处设水平方向的防潮层，以隔绝地下潮气等对墙身的影响。水平防潮根据材料的不同，有油毡防潮层、防水砂浆防潮层和配筋细石混凝土防潮层等，见图 4-13。

| (a) 油毡防潮层 | (b) 防水砂浆防潮层 | (c) 配筋细石混凝土防潮层 |

图 4-13　墙身水平防潮层

一般水平防潮层应设置在地坪的结构层（如混凝土层）厚度之间的砖缝处，在设计中常以标高 −0.06m 表示，见图 4-14，使其更有效地起到防潮作用。

图 4-14　水平防潮层的设置位置

②　垂直防潮　当室内地坪出现高差或室内地坪低于室外地面时，要求不仅按地坪高差的不同在墙身设两道水平防潮层，而且还为了避免高地坪房间（或室外地面）填土中的潮气侵入墙身，对有高差部分的垂直墙面采取垂直防潮措施。其具体做法是在高地坪房间两道水平防潮层之间的垂直墙面上，用水泥砂浆抹灰，再涂冷底子油一道，热沥青两道（或采用防水砂浆），而在低地坪一边的墙面上，采用水泥砂浆打底的墙面抹灰，见图 4-15。

图 4-15　垂直防潮层

（3）散水

为保护墙基不受雨水的侵蚀，常在外墙四周将地面做成向外倾斜的坡面，以便将屋面雨水排至远处，这一坡面称散水或护坡，见图 4-16。散水坡度为 3%～5%，宽一般 600～1000mm。当屋面排水方式为自由落水时，要求其宽度较屋檐长 200mm。

（4）明沟

明沟又称阳沟，位于外墙四周，通过落水管将屋面落水等有组织地导向地下排水集井（又称集水口），起到保护墙基的作用，见图 4-17。

图 4-16　散水构造

图 4-17　明沟

2. 门窗过梁

当墙体上开设门、窗洞孔时，为了支承洞孔上部砌体所传来的各种荷载，并将这些荷载传给窗间墙，常在门、窗洞孔上设置横梁，该梁称过梁。

过梁的形式较多，常见的有砖拱（平拱、弧拱和半圆拱）、钢筋砖过梁和钢筋混凝土过梁等。

（1）砖砌平拱

砖砌平拱是用砖立砌或侧砌成对称于中心而倾向两边的拱，见图 4-18。

（2）钢筋砖过梁

钢筋砖过梁是在平砌的砖缝中配置适量的钢筋，形成可以承受弯矩的加筋砖砌体。它按每一砖厚墙配 2 或 3 根 $\phi6mm$ 钢筋，并放置在第一皮砖和第二皮砖之间，亦可放置在第一皮砖下的砂浆层内，见图 4-19。常用 M5 级砂浆砌筑，连续砌筑 5～7 皮砖，相当于不小于门窗洞口宽度的 1/4 高度范围，以便使洞孔上部分砌体与钢筋构成过梁。

（3）钢筋混凝土过梁

过梁宽与墙厚相同，高度与砖的皮数相适应，常用的高度为 60mm、120mm、180mm、240mm。过梁每端伸入侧墙不小于 240mm。过梁截面形式有矩形和 L 形，见图 4-20。

| 图 4-18 砖砌平拱 | 图 4-19 钢筋砖过梁 |

图 4-20 钢筋混凝土过梁

3. 窗台

当室外雨水沿窗扇下淌时，为避免雨水积聚窗下并侵入墙身且沿窗下槛向室内渗透，常在窗下靠室外一侧设置泻水构件——窗台。窗台须向外形成一定坡度，以利排水。

窗台有悬挑窗台和不悬挑窗台两种，见图 4-21。悬挑窗台常采用顶砌一皮砖，悬挑 60mm，外部用水泥砂浆抹灰，并在外沿下部粉出滴水。设滴水的目的在于引导上部雨水沿着所设置的槽口聚集而下落，以防雨水影响窗下墙体。另一种悬挑窗台是用一砖侧砌，也悬挑 60mm，水泥砂浆勾缝，称清水窗台。此外还有预制钢筋混凝土悬挑窗台。

| (a) 不悬挑窗台 | (b) 粉滴水的悬挑窗台 | (c) 侧砌砖悬挑窗台 | (d) 预制钢筋混凝土悬挑窗台 |

图 4-21 窗台形式

4. 圈梁与构造柱

圈梁又称腰箍，是沿外墙四周及部分内横墙设置的连续而闭合的梁。圈梁配合楼板的作用可提高建筑物的空间刚度及整体性，增强墙体的稳定性，减少由于地基不均匀沉降而引起的墙身开裂。

圈梁有钢筋砖圈梁和钢筋混凝土圈梁两种。钢筋砖圈梁结合钢筋砖过梁使其沿外墙兜圈而成。钢筋混凝土圈梁宽度一般与墙厚相同，高度一般不小于 120mm，常见为180mm、240mm。当遇到门、窗洞孔致使圈梁不能闭合时，应在洞口上部设置一道不小于圈梁截面的附加圈梁。附加圈梁与圈梁的搭接长度应不小于 2h，且不小于 1m，见图 4-22。

图 4-22 附加圈梁

为增强建筑物的整体刚度和稳定性，还要求采用钢筋混凝土构造柱。钢筋混凝土构造柱一般设在建筑物的四角、内外墙交接处、楼梯间、电梯间以及某些较长的墙体中部。构造柱必须与圈梁及墙体紧密连接，形成空间骨架，增强建筑物的刚度，提高墙体的应变能力，使墙体由脆性变为延性，做到裂而不倒。构造柱下端应锚固于钢筋混凝土基础或基础梁内。柱截面应不小于 180mm×240mm，主筋一般采用 4ϕ12mm，墙与柱之间应沿墙高每 500mm 设 2ϕ6mm 钢筋连接，每边伸入墙内不少于 1000mm，箍筋间距不大于 250mm，见图 4-23。施工时必须先砌墙，随着墙体的上升而逐段现浇钢筋混凝土柱身。

(a) 外墙转角处　　　　　　　(b) 内外墙交接处

图 4-23 砖砌体中的构造柱

三、隔墙

非承重的内墙通常称为隔墙，起着分隔房间的作用。常见的隔墙可分为砌筑隔墙、立筋隔墙和条板隔墙等。

1. 砌筑隔墙

砌筑隔墙是指利用普通砖、多孔砖、空心砖以及各种轻质砌块等砌筑的墙体。

(1) 普通砖砌隔墙

砖隔墙有半砖隔墙和 1/4 隔墙之分。

砖隔墙的上部与楼板或梁的交接处，不宜过于填实或使砖砌体直接顶住楼板或梁。应留有约 30mm 的空隙或将上两皮砖斜砌，以预防楼板结构产生挠度，致使隔墙被压坏，见图 4-24。

图 4-24　砖隔墙

(2) 多孔砖、空心砖及砌块墙

多孔砖或空心砖作隔墙多采用立砌。砌块隔墙常采用粉煤灰硅酸盐、加气混凝土、水泥煤渣等制成的实心或空心砌块砌筑而成，见图 4-25。墙体稳定性较差，通常沿墙身横向配以钢筋。

图 4-25　砌块隔墙

2. 立筋隔墙

立筋隔墙有木筋骨架隔墙和金属骨架隔墙之分。

（1）木筋骨架隔墙

木筋骨架隔墙根据饰面材料的不同有灰板条隔墙、装饰板隔墙和镶板隔墙等多种。特点是自重轻、构造简单。木骨架由上槛、下槛、墙筋、斜撑及横撑等构成，见图4-26。

灰板条抹灰隔墙构造见图4-27，是在墙筋上钉灰板条，灰板条规格一般为6mm×30mm×1200mm，其间距为9mm左右，以便让底灰挤入板条间隙的背面，"咬"住灰板条。钉板条时，一根板条搭接三个墙筋间距。为避免因板条搭接接缝在一根墙筋上过长，导致外部抹灰开裂、脱落，当板条搭接接缝长达600mm时，必须使接缝位置错开。

在木骨架上还可以铺饰各种饰面材料，包括灰板条抹灰、装饰吸声板、钙塑板、纸面石膏板、水泥刨花板、水泥石膏板以及各种胶合板、纤维板等。

图4-26　木筋骨架

图4-27　灰板条抹灰隔墙

1—墙筋；2—斜撑；3—板条

（2）金属骨架隔墙

金属骨架隔墙是在金属骨架外铺钉面板而制成的隔墙，它具有节约木材、重量轻、强度高、刚度大、结构整体性强及拆装方便等特点。骨架由各种形式的薄壁型钢加工而成，见图4-28（a）。

骨架包括上槛、下槛、墙筋和横挡，见图 4-28（b）。骨架和楼板、墙或柱等构件相接时，多用膨胀螺栓或膨胀钢钉来固接。墙筋、横挡之间靠各种配件相互连接。墙筋间距由面板尺寸定。面板多为胶合板、纤维板、石膏板和纤维水泥板等，面板藉镀锌螺丝、自攻螺钉、膨胀螺钉或金属夹子固牢在金属骨架上。

3. 条板隔墙

条板隔墙是指采用各种轻质材料制成的各种预制薄型板材安装而成的隔墙。常见的板材有加气混凝土条板、石膏条板、泰柏板等。这些条板自重轻、安装方便。普通条板的安装、固定主要靠各种黏结砂浆或黏结剂进行黏结，待安装完毕，再进行表面装修，见图 4-29。

(a) 薄壁金属墙筋形式　(b) 骨架组合

图 4-28　金属骨架隔墙

图 4-29　条板隔墙

四、墙面装修

（一）装修的作用

墙面装修主要作用是保护墙体，可防止墙体结构免遭风、雨的直接袭击，从而增强了墙体的坚固性和耐久性。

墙面装修还可改善墙体的热工性能；对室内可增加光线的反射，提高室内照度；对有吸声要求的房间，还可改善室内音质效果。

墙面装修对提高建筑物的功能质量、艺术效果、美化建筑环境起重要作用。

（二）墙面装修的分类

由于材料和施工方式的不同，常见的墙面装修可分为抹灰类、贴面类、涂料类、被糊类和铺钉类五类。

（三）墙面装修构造

1. 抹灰类墙面装修

抹灰是由水泥、石灰膏为胶结料加入砂或石碴，与水拌和成砂浆或石碴浆，然后抹到墙面上的一种操作工艺，属湿作业范畴。它是一种传统的墙面装修方式。主要特点是材料来源广，施工简便，造价低廉；缺点是饰面的耐久性低、易开裂、易变色，且湿作业施工，工效较低。

墙面抹灰有一定厚度，外墙一般为 20～25mm，内墙为 15～20mm。为避免抹灰出现裂缝、保证抹灰与基层黏结牢固，墙面抹灰层不宜太厚，而且需分层构造，见图 4-30。普通标准的装修，抹灰由底层和面层组成。对标准较高的抹灰装修，在面层和底层之间，还设有一层或多层中间层。

图 4-30　墙面抹灰的分层构造

底层抹灰具有使装修层与基层墙体粘牢和初步找平的作用。对普通砖墙常用石灰砂浆或混合砂浆打底即可，而对混凝土墙体或有防潮、防水要求的墙体则需用混合砂浆或水泥砂浆打底。中间层主要用作进一步找平，减少底层砂浆干缩导致面层开裂的可能。同时亦可作为底层与面层之间的黏结层。面层抹灰对墙体的质量和美观起重要作用。

根据面层材料的不同，常用抹灰做法举例见表 4-2。

表 4-2　常用抹灰做法举例

抹灰名称	构造及材料配合比	适用范围
纸筋(麻刀)灰	1. 12～17mm 厚(1∶2)～(1∶2.5)石灰砂浆(加革筋)打底 2. 2～3mm 厚纸筋(麻刀)灰粉面	普通内墙抹灰
混合砂浆	1. 12～15mm 厚 1∶1∶6 水泥、石灰、砂的混合砂浆打底 2. 5～10mm 厚 1∶1∶6 水泥、石灰、砂的混合砂浆粉面	外墙、内墙均可
水泥砂浆	1. 15mm 厚 1∶3 水泥砂浆打底 2. 10mm 厚 1∶(2～2.5)水泥砂浆粉面	多用于有防水要求的外墙或内墙

续表

抹灰名称	构造及材料配合比	适 用 范 围
水刷石	1. 15mm 厚 1：3 水泥砂浆打底 2. 10mm 厚 1：(1.2～1.4)水泥石碴抹面后水刷	用于外墙
干黏石	1. 10～12mm 厚 1：3 水泥砂浆打底 2. 7～8mm 厚 1：0.5：2 外加 5％107 胶的混合砂浆黏结层 3. 3～5mm 厚彩色石碴面层(用喷或甩方式进行)	用于外墙
斩假石	1. 15mm 厚 1：3 水泥砂浆打底 2. 刷素水泥浆一道 3. 8～10mm 厚水泥石碴粉面 4. 用剁斧斩去表面层水泥浆或石尖部分使其显出凿纹	用于外墙或局部内墙
水磨石	1. 15mm 厚 1：3 水泥砂浆打底 2. 10mm 厚 1：1.5 水泥石碴粉面,磨光、打蜡	多用于室内潮湿部位

在内墙抹灰中,当遇到人群活动频繁,且常受到碰撞的墙面或防潮、防水要求较高的墙体,为保护墙身,常对那些易受碰撞或易受潮的墙面,进行保护处理,称之为墙裙。墙裙又称台度,其高一般为 1.0～1.8m,见图 4-31。对经常易受碰撞的内墙凸出的转角处或门洞的两侧,常抹以高 1.5m 的 1：2 水泥砂浆打底,以素水泥浆将小圆角进行处理,俗称护角,见图 4-32。此外,在外墙抹灰中,由于墙面抹灰面积较大,为避免面层产生裂纹且方便操作,以及立面处理的需要,常对抹灰面层进行分格处理,俗称引条线,其构造见图 4-33。

(a)贴瓷砖　　(b)水磨石　　(c)水泥砂浆抹灰

图 4-31　墙裙构造　　　　　图 4-32　护角处理

2. 贴面类墙面装修

贴面类装修是指利用各种天然或人造板、块对墙面进行的装修处理。这类装修具有耐久性强、施工方便、质量高、装饰效果好等特点。质感细腻的瓷砖、大理石板多用作室内装修;而质感粗放、耐候性好的陶瓷锦砖、面砖、墙砖、花岗岩板等多用作室外装修。

(1) 陶瓷面砖饰面

陶瓷面砖根据是否上釉而分为以下几种。

① 陶土釉面砖和陶土无釉面砖（俗称面砖）。

② 瓷土釉面砖和瓷土无釉砖。锦砖又名马赛克,属于瓷土无釉砖,由各种颜色、方

图 4-33 引条线的做法

形或多种几何形状的小瓷片拼制而成。生产时将小瓷片拼贴在 300mm×300mm 或 400mm×400mm 的牛皮纸上。因其图案丰富、色泽稳定，加之耐污染、易清洁、价廉、变化多，近年来已大量用于外墙饰面，效果甚佳。它质地坚固、耐磨、耐酸碱、防冻、不打滑。其外观与质地均具天然花岗岩的效果，是理想的墙面装饰材料。施工时将纸面朝外整块粘贴在 1:1 水泥砂浆上，用木制抹子，反复挤压，使其粘牢，待砂浆硬结后，用素灰浆洗去牛皮纸即可。

③ 还有一种玻璃锦砖又称玻璃马赛克，是半透明的玻璃质饰面材料。与陶瓷马赛克一样，生产时就将小玻璃瓷片铺贴在牛皮纸上。也是外墙装修较为理想的材料之一。

陶瓷墙砖作为内墙面装修，其构造多采用 10～15mm 厚 1:3 水泥、砂浆或 1:3:9 水泥、石灰膏、砂浆打底，8～10mm 厚 1:0.3:3 水泥、石灰膏、砂浆黏结层，外贴瓷砖，见图 4-34（a）。作为外墙面装修，其构造多采用 10～15mm 厚 1:3 水泥砂浆打底，5mm 厚 1:1 水泥、砂浆黏结层，然后粘贴各类装饰材料。如果黏结层内掺入 10% 以下的 107 胶时，其黏结层厚可减为 2～3mm，在外墙面砖之间粘贴时留出约 13mm 缝隙，以增加材料的透气性，见图 4-34（b）。

图 4-34 瓷砖、面砖贴面

(2) 天然石板、人造石板贴面

用于墙面装修的天然石板有大理石板和花岗岩板。大理石又称云石，表面经磨光后纹理雅致，色泽鲜艳。花岗岩质地坚硬、不易风化、能适应各种气候变化，故多用作室外装修。根据对石板表面加工方式的不同可分为剁斧石、火爆石、蘑菇石和磨光石四种。

　　石板贴面的装修构造做法：先在墙面或柱面上固定钢筋网，再将石板藉铜丝或镀铸铅丝穿过事先在石板上钻好的孔眼绑扎在钢筋网上。固定石板中水平钢筋（或钢箍）的间距应与石板高度尺寸一致。当石板就位、校正、绑扎牢固后，在石板与墙或柱之间，浇注厚30mm左右的1∶3水泥、砂浆，见图4-35（a）。还可以用专用的卡具借射钉或螺钉钉在墙上，或用膨胀螺栓打入墙上的角钢上或预立的铝合金立筋上，外部用硅胶嵌缝，见图4-35（b）。

图 4-35　石板贴面构造

　　人造石板常见的有人造大理石、水磨石板等，其构造与天然石板相同，只是不必在预制板上钻孔，而是利用预制板背面在生产时就露出的钢筋，将板用铅丝绑牢在水平钢筋（或钢箍）上即可，见图4-36。

图 4-36　人造石板墙面装修构造

3. 涂料类墙面装修

涂料是指涂敷于物体表面后，能与基层很好黏结，从而形成完整而牢固的保护膜的面层物质。这种物质对被涂物体有保护、装饰作用。

涂料作为墙面装修材料，与贴面装修相比具有材料来源广，装饰效果好，造价低，操作简单，工期短、工效高，自重轻，维修、更新方便等特点。

建筑涂料按其主要成膜物的不同可分为有机涂料、无机涂料及有机和无机复合涂料三大类。

4. 裱糊类墙面装修

裱糊类装修是将各种装饰性的墙纸、墙布等卷材类的装饰材料糊在墙面上的一种装修饰面。

墙纸又称壁纸，是利用各种彩色花纸装修墙面，其在我国历史悠久，且具有一定艺术效果。但花纸不仅怕潮、怕火、不耐久，而且脏了不能洗刷，故应用受到限制。目前，国内外生产的各种新型复合墙纸，依其构成材料和生产方式不同，有 PVC 塑料墙纸、纺织物面墙纸、金属面墙纸和天然木纹面墙纸几类。

墙布是指以纤维织物直接作为墙面装饰材的总称。它包括玻璃纤维墙面装饰布和织锦等材料。

墙纸与墙布的粘贴主要在以混合砂浆面层抹灰的基层上进行。它要求基底平整、致密；对不平的基层需用腻子刮平。粘贴墙纸、墙布，一般采用墙纸、墙布胶结剂。在具体粘贴时，要求对花的墙纸或墙布在裁剪尺寸上，其长度需比墙高放出 100～150mm，以适用对花粘贴的要求。

5. 铺钉类墙面装修

铺钉类墙面装修是指利用天然木板或各种人造薄板借助于钉、胶等固定方式对墙面进行的装修处理。属于干作业范畴。铺钉类装修材料质感细腻、美观大方，装饰效果好。同时，材料多是薄板结构或多孔性材料，对改善室内音质效果有一定作用。但防潮、防火性能欠佳。铺钉类装修由骨架和面板两部分组成。

第三节　楼层与地坪

楼层与地坪是水平分隔建筑空间的建筑构件，楼层分隔上下空间，地坪分隔底层空间并与土壤直接相连。楼层的结构层为楼板，楼板将所受的载荷传递给梁柱或墙，再通过梁柱或墙传给基础。地坪的结构层为垫层，垫层将所受的载荷均匀地传递给地基。

一、楼层的组成和类型

1. 楼板层和地坪的基本组成

楼板层通常由面层、结构层、附加层、顶棚构成，见图 4-37。

(1) 面层

面层又称楼面或地面。起着保护楼板层、分布荷载和各种绝缘的作用。同时也满足使

图 4-37　楼板层的基本组成

用者各种使用要求和装饰需要。

（2）结构层

结构层是楼板层的承重构件。主要功能是承受楼板层上的全部静、活荷载，并将这些荷载传给墙或柱；同时还对墙身起水平支撑作用，增强建筑物的整体刚度。

（3）附加层

附加层又可称功能层，主要用以满足隔声、防水、隔热、保温等方面的要求。

（4）顶棚

顶棚是楼板层的下面部分，起着保护楼板、安装灯具、遮掩各种水平管线设备以及修饰的作用。

地坪由面层和基层两部分构成。基层主要是结构层，在地基较差时为加固地基增设垫层。对有特殊要求的地坪，常在面层与结构层之间增设附加层。

2. 楼板的类型

根据所采用材料的不同，楼板可分为木楼板、钢筋混凝土楼板、压型钢板组合楼板等，见图 4-38。

(a) 木楼板　　　(b) 钢筋混凝土楼板　　　(c) 压型钢板组合楼板

图 4-38　楼板的类型

（1）木楼板

木楼板具有自重轻、构造简单等优点，但其耐火性和耐久性均较差，为节约木材，现已很少采用。

（2）钢筋混凝土楼板

钢筋混凝土楼板具有强度高、防火性能好、耐久、便于工业化生产等优点。是我国应用最广泛的一种楼板。

（3）压型钢板组合楼板

压型钢板组合楼板是用截面为凹凸形压型钢板与现浇混凝土面层组合形成整体性很强的一种楼板结构。压型钢板的作用既为面层混凝土的模板，又起结构作用，从而增加了楼板的侧向和竖向刚度，使结构的跨度加大、梁的数量减少、楼板自重减轻、加快施工进度。

二、钢筋混凝土楼板的构造

钢筋混凝土材料的强度高、防火性能好、耐久性佳、可塑性强，因而极广泛地被应用于各类建筑中。根据其施工方式的不同，可分为现浇整体式、预制装配式与装配整体式三种类型。

1. 现浇整体式钢筋混凝土楼板

现浇整体式钢筋混凝土楼板是在施工现场经支模、扎筋、浇筑混凝土、养护、拆模等施工程序而成型的楼板结构。受季节、天气影响，施工工期长。但由于楼板是现场整体浇筑成型，结构的整体性能良好，因而特别适合于整体性要求较高的建筑物或有管道穿过楼板的房间以及形状不规则的房间中。

现浇整体式钢筋混凝土楼板根据受力和传力情况有板式楼板、梁板式楼板、无梁楼板和压型钢板组合楼板之分。

（1）板式楼板

在墙体承重建筑中，当房间尺度较小时，楼板上的荷载直接靠楼板传给墙体，这种楼板称板式楼板。它多适用于跨度较小的房间或走廊。

（2）梁板式楼板

当房间的空间尺度较大时，为使楼板结构的受力与传力合理，常在楼板下设梁以增加板的支点，从而减小了板的跨度，这样楼板上的荷载先由板传给梁，再由梁传给墙或柱。这种楼板结构称梁板式楼板结构。梁有主梁、次梁之分，见图 4-39。

图 4-39　梁板式楼板

当房间的平面形状为方形或接近方形时（长短边比例小于 2 时），常沿房间两个方向等尺寸地布置构件，即主、次梁不分，梁的截面也同高。两个方向的梁正放正交或斜放正交，形成井格，这种形式的楼板称为井式楼板，见图 4-40。井式楼板上部传下的力，由两个方向的梁相互支撑，其梁间距一般为 3m 左右，跨度可达 30～40m，故可营造较大的建筑空间，这种形式多用于无柱的大厅。

图 4-40 井式楼板

(3) 无梁楼板

无梁楼板是在框架结构中将板直接支承在柱子上且不设梁的结构，见图 4-41。为了增大柱子的支承面积和减小板的跨度，在柱的顶部设柱帽和托板。无梁楼板的柱尽量按方形网格布置，柱距在 6m 左右，一般板厚不小于 120mm。

图 4-41 无梁楼板

无梁楼板与梁板式楼板比较，顶棚平整，室内净空大，采光、通风好，施工较简单。

(4) 压型钢板组合楼板

压型钢板组合楼板实际上是一种钢与混凝土组合的楼板，见图 4-42。这种结构是利用凸凹相间的压型薄钢板做衬板与混凝土浇筑在一起支承在钢梁上构成的整体型楼板。

组合楼板的构造形式主要有单层钢衬板支承和双层孔格式支承，见图 4-43、图 4-44。

图 4-42 压型钢板组合
楼板基本组成

2. 预制装配式钢筋混凝土楼板

预制装配式钢筋混凝土楼板是指在构件预制加工厂或施工现场外预先制作，然后运到

图 4-43 单层钢衬板组合楼板

(a) 楔形板与平板组成的孔格式组合楼板   (b) 双楔形板组成的孔格式组合楼板

图 4-44　双层钢衬板组合楼板

工地现场进行安装的钢筋混凝土楼板。这种施工方法提高了现场机械化施工水平，并缩短了工期。

（1）预制楼板的类型

预制楼板的类型有实心板、槽形板、空心板等。

实心板跨度一般在 2.4m 以内，板厚为跨度的 1/30，一般为 50～80mm，板宽约为 600～900mm，见图 4-45。

图 4-45　预制实心板

槽形板是一种梁板结合的构件，即在实心板的两侧设有纵肋，构成槽形截面，见图 4-46。板跨为 3～7.2m，板宽为 600～1200mm，板厚为 25～30mm，肋高为 120～300mm。为提高板的刚度和便于搁置，常将板的两端以端肋封闭。当板跨达 6m 时，应在

(a) 槽形板纵剖面   (b) 槽形板底面

(c) 槽形板横剖面   (d) 倒置槽形板横剖面

图 4-46　预制槽形板

板的中部每隔 500～700mm 处增设横肋一道。

　　槽形板的搁置有正置和倒置的两种：正置底板不平，多作吊顶；倒置板底平整，需另作面板，有时为考虑楼板的隔声或保温，亦可在槽内填充轻质多孔材料。

　　根据板的受力情况，结合考虑隔声要求，并使板面上下平整，可将预制板做成空心板，见图 4-47，空心板的孔洞有矩形、方形、圆形和椭圆形等。圆孔板的制作最为简单方便，应用最为广泛。空心板的跨度一般为 2.7～6.6m 不等，板厚与板跨有关，一般为180～240mm。

(a) 纵剖面　　　(b) 剖面形式

(c) 横剖面　　　(d) 端头形式

图 4-47　预制空心板

　　空心板支承端的两端孔内常以砖块或混凝土块填塞，以保证在支座处不致被压坏及避免灌缝时混凝土会进入孔内。

(2) 预制板的搁置与板缝处理

　　当采用梁板式结构布置时，板在梁上的搁置方式一般有两种：一是将板直接搁在梁顶上，见图 4-48（a）；另一种是将板搁在花篮梁两侧的挑耳上，这时板的上皮与梁的顶面平齐，见图 4-48（b）。同时板的布置应避免出现三面支承情况，即板的纵长边不得伸入砖墙内。否则在荷载作用下，板会发生纵向裂缝，同时还会使被压墙体因受局部承压影响而削弱其承载能力。

(a) 板搁在矩形梁上　　　(b) 板搁在花篮梁上

图 4-48　板在梁上的搁置

　　在安装板的过程中，板的横向尺寸（板宽方向）与房间平面尺寸会出现差额，这个差额称为板缝差。当缝差在 60mm 以内时，调整板缝宽度；当缝差在 60～200mm 时，或因竖向管道沿墙边通过时，则用局部现浇板带的办法解决，见图 4-49；当缝差超过 200mm，则需重新选择板的规格。

图 4-49　板缝差的处理

板的接缝有端缝与侧缝两种。板端缝一般将板缝内灌以砂浆或细石混凝土，使相互联结。侧缝一般有三种形式：V 形缝、U 形缝、凹形缝，见图 4-50。

(a) V形缝　　　　　　　　(b) U形缝　　　　　　　　(c) 凹形缝

图 4-50　板侧缝形式

为保证楼板与墙或梁有很好的连接，首先应使板有足够的搁置宽度，一般板在墙上的搁置宽度应不小于 80mm，在梁上的搁置宽度应不小于 60mm。同时，必须在梁或墙上铺以水泥砂浆（俗称坐浆），厚 20mm 左右。另外，为增强房屋的整体刚度，对楼板与墙体之间及楼板与楼板之间常用锚固钢筋予以锚固，见图 4-51。

(a) 板侧锚固　　(b) 板端锚固　　　　(c) 花篮梁上锚固　　　(d) 甩出筋锚固

图 4-51　锚固筋的配置

3. 装配整体式钢筋混凝土楼板

装配整体式钢筋混凝土楼板是采用将楼板中的部分构件预制，然后到现场安装，再整体浇筑其余部分的办法连接而成的楼板。它兼有现浇与预制的双重优越性。

（1）预制薄板叠合楼板

预制薄板叠合楼板是指预制楼板吊装就位后再现浇一层钢筋混凝土叠合层与预制板连成整体的楼板，见图 4-52。预制混凝土薄板既是永久性模板承受施工荷载，也是整个楼板结构的一个组成部分。预应力混凝土薄板内配以刻痕高强钢丝作为预应力筋，同时也是楼板的跨中受力钢筋。板面现浇混凝土叠合层，现浇层内只需配置少量的支座负弯矩钢筋。

(a) 板面刻槽   (b) 板面露出三角形结合钢筋

(c) 叠合楼板结构层

图 4-52 预制薄板叠合楼板

（2）密肋填充块楼板

密肋填充块楼板是指在填充块间现浇钢筋混凝土密肋小梁和面层而形成的楼板层，也有采用在预制倒置 T 形小梁（小梁间为填充块）上现浇钢筋混凝土楼板的做法，见图 4-53。密肋填充块楼板的密肋有现浇和预制两种，前者是在填充块之间现浇密肋小梁面板，其填充块有空心砖、轻质块等，见图 4-53（a）、（b）；后者的密肋常见的有预制倒T 形小梁、带骨架芯板等，见图 4-53（c）、（d）。

(a) 空心砖现浇   (c) 预制小梁填充块

(b) 玻璃钢壳现浇   (d) 带骨架芯板填充块

图 4-53 密肋填充块楼板

三、楼地面构造

楼地面主要是指楼板层和地坪层的面层。面层由饰面材料和其下面的找平层两部分组成。楼地面按其材料和做法可分为：整体类地面、镶铺类地面、粘贴类地面、涂料类地面和木地面。根据不同的要求设置不同的地面。

1. 整体类地面

（1）水泥砂浆及细石混凝土地面

水泥砂浆地面即在混凝土垫层或结构层上抹水泥砂浆。它构造简单，坚固耐磨，防潮防水，造价低廉，是常见的一种低档地面，见图 4-54。水泥砂浆地面热导率大，吸水性差，易起灰，不易清洁。

(a) 底层地面   (b) 楼层地面

图 4-54　水泥砂浆地面

(2) 水磨石地面

水磨石地面特点是表面光洁、美观，不易起灰。常用 10～15mm 厚 1∶3 水泥砂浆打底，10mm 厚（1∶1.5）～（1∶2）水泥、石碴粉面。面层一般是先在底层上按图案嵌固玻璃条（也可嵌铜条或铝条）进行分格。分格的作用，一是为了分大面为小块，以防面层开裂；二是便于维修；三是可按设计图案分区，定出不同颜色，以增添美观。分格条高10mm，用 1∶1 水泥砂浆嵌固，见图 4-55。然后将拌和好的石碴浆浇入，石碴浆应比分格条高出 2mm。再浇水养护 6～7 天后用磨石机磨光，最后打蜡保护。

图 4-55　水磨石地面构造

2. 镶铺类地面

利用各种预制块材或板材镶铺在基层上的地面称镶铺地面，常见的有以下几种。

(1) 砖块地面

由普通黏土砖或大阶砖铺砌的地面。由于砖的尺寸较大，可直接铺在素土夯实的地基上，常用砂做结合层。砖缝之间以水泥砂浆或石灰砂浆嵌缝。砖材造价低廉，能吸潮，对黄梅天返潮地区有利，但不耐磨，故多用于一般性民用建筑。

(2) 陶瓷砖地面

陶瓷地砖包括缸砖和马赛克，见图 4-56。

缸砖是由陶土烧制而成的，呈红棕色。砖背面有凹槽，便于与基层结合。缸砖质地坚硬耐磨、防水、耐腐蚀，易于清洁。铺贴方式为在结构层找平的基础上，用 5～8mm 厚 1∶1 水泥砂浆粘贴。砖块间有 3mm 左右的灰缝，见图 4-56（a）。

马赛克质地坚硬、经久耐用、色泽多样，具有耐磨、防水、耐腐蚀、易清洁等特点。施工时，在混凝土垫层上铺 20mm 厚 1∶3 水泥砂浆找平层，再用 10mm 厚 1∶1 水泥细

图 4-56　陶瓷砖地面

砂浆贴贴马赛克，待粘贴牢固后，用水洗去牛皮纸，露出正面。最后进行校正，并用素水泥浆擦缝即成，见图 4-56（b）。

（3）人造石板和天然石板地面

人造石板有水泥花砖、水磨石板和人造大理石板等。天然石板包括大理石、花岗岩板磨光，由于其质地坚硬，色泽艳丽、美观，属高档地面装修材料。其构造见图 4-57。

3. 粘贴类地面

粘贴类地面以粘贴卷材为主，常见的有塑料地毡、橡胶地毡以及多种地毯等，见图 4-58。这些材料，表面美观、干净，装饰效果好，具有良好的保温、消声性能。

图 4-57　石板地面

图 4-58　塑料毡地面

4. 涂料类地面

涂料类地面是水泥砂浆或混凝土地面的表面处理形式。它对解决水泥地面易起灰和美观的问题起了重要作用。常见的涂料包括水乳型、水溶型和溶剂型涂料。

5. 木地面

木地面具有弹性，热导率小，不起尘，易清洁等特点，但造价较高。

木地面的基层是木搁栅，有空铺和实铺两种。空铺木地面现已很少使用。

实铺式木地面是直接在实体基层上铺设的地面。将木搁栅直接放在结构层上，因此搁栅截面小，一般为 50mm×50mm，中距 400mm。搁栅借预埋在结构层内的 U 形铁件嵌固或镀铸铁丝扎牢。底层地面为了防潮，须在结构层上涂刷冷底子油和热沥青各一道，见

图 4-59（a）、(b)。为保证搁栅层通风干燥，常采取在踢脚板处开设通风口的办法解决。

实铺地面也可采用粘贴式做法，见图 4-59（c），将木地板直接粘贴在结构层上的找平层上，黏结材料一般有沥青胶、环氧树脂、乳胶等。粘贴地面具有防潮性能好、施工简便经济等优点。

图 4-59　实铺式木地面

四、踢脚线

在地面与墙面交接处，通常接地面做法进行处理，即作为地面的延伸部分，这部分称踢脚线，也有的称踢脚板。踢脚线的主要功能是保护墙面，以防止墙面因受外界的碰撞而损坏或在清洗地面时，脏污墙面。

踢脚线的高度一般为 100～150mm。其材料基本与地面一致。厚度通常比墙面抹灰突出 4～6mm。踢脚线构造见图 4-60。

五、顶棚

顶棚又称平顶或天花，是指楼板层下面的装饰层。顶棚依其构造方式不同可分为直接式顶棚和吊顶式顶棚两种。

1. 直接式顶棚

直接式顶棚是指直接在钢筋混凝土楼板下喷、刷、粘贴装修材料的一种构造方式。

(a) 缸砖踢脚线	(b) 木踢脚线	(c) 水泥踢脚线

图 4-60 踢脚线

（1）直接喷、刷涂料

当楼板底面平整时，用腻子嵌平板缝，直接在楼板底面喷或刷大白浆或装饰涂料。

（2）抹灰装修

当楼板底面不够平整，或室内装修要求较高，可在板底进行抹灰装修。抹灰分水泥砂浆抹灰或混合砂浆抹灰和纸筋灰抹灰两种。

水泥砂浆（混合砂浆）抹灰是将板底清洗干净，打毛或刷素水泥浆一道后，抹 5mm 厚 1∶3 水泥砂浆打底，用 5mm 厚 1∶2.5 水泥砂浆粉面，再喷刷涂料。

纸筋灰抹灰是先以 6mm 厚混合砂浆打底，再以 3mm 厚纸筋灰粉面，然后喷、刷涂料。

（3）贴面式装修

对某些装修要求较高或有保温、隔热、吸声要求的建筑物，可在楼板底面直接粘贴适用于顶棚装饰的墙纸、装饰吸声板以及泡沫塑胶板等。这些装修材料均借助于黏结剂粘贴。

2. 吊顶式顶棚

吊顶依所采用材料、装修标准以及防火要求的不同有木骨架吊顶和金属骨架吊顶，见图 4-61。

(a) 木质基层	(b) 金属基层

图 4-61 吊顶棚

（1）木骨架吊顶

木骨架吊顶是在楼板下吊挂木骨架，在木骨架下铺钉各种面板而成的悬挂式天棚。主

要是借预埋于楼板内的金属吊件或锚栓将吊筋固定在楼板下部，吊筋间距一般为 900～
1000mm，吊筋下固定主龙骨，其截面均为 45mm×45mm 或 50mm×50mm。主龙骨下钉次
龙骨。次龙骨截面为 40mm×40mm，间距视面层类型和规格而定。其具体构造见图 4-62。

图 4-62　木骨架吊顶

（2）金属骨架吊顶

金属骨架吊顶是在楼板下悬挂金属骨架，在金属骨架下固定各种面板而成的顶棚。主
要由金属龙骨基层与装饰面板所构成。金属龙骨由吊筋、主龙骨、次龙骨和横撑组成。吊
筋一般采用 φ6mm 钢筋或 8 号铁丝或 φ8mm 螺栓，中距 900～1200mm，固定在楼板下。
吊筋与楼板的固结方式可分为吊钩式、钉入式和预埋件式，见图 4-63。吊筋的下端悬吊主龙

图 4-63　吊筋与楼板的固结方式

骨。然后再在主龙骨下悬吊次龙骨。为铺、钉装饰面板，还应在龙骨之间增设横撑，横撑间距视面板规格而定。最后在吊顶次龙骨和横撑上铺、钉装饰面板。具体构造见图 4-64。

图 4-64　金属吊顶构造

六、阳台与雨篷

1. 阳台

阳台是多高层建筑中楼板层的延伸，是室内外的过渡空间，同时对建筑外部造型也具有一定的作用。按其与外墙的相对位置和结构处理不同，可有挑阳台、凹阳台、半挑半凹阳台等几种形式，见图 4-65。

(a) 挑阳台　　　　　　　(b) 凹阳台　　　　　　　(c) 半挑半凹阳台

图 4-65　阳台形式

（1）阳台的结构形式

阳台有现浇与预制之分。阳台的结构布置按其受力及结构形式的不同主要有搁板式和悬挑式，而悬挑式中又有挑板式和挑梁式之分。

（2）阳台栏杆（栏板）

阳台栏杆是阳台外围设置的垂直构件，其式样繁多，从外形上看，有实体和镂空之分。从材料上分又有砖砌栏板、钢筋混凝土栏杆、金属栏杆等，见图 4-66。

图 4-66　各种栏杆、栏板的形式

（3）阳台排水

为防止雨水从阳台上进入室内，设计中将阳台地面标高低于室内地面 30～50mm，并在阳台一侧栏杆下设排水孔，地面用水泥砂浆粉出排水坡度 0.5%～1%，将水导向排水孔并向外排除。孔内埋设 $\phi40$ 或 $\phi50$ 镀锌钢管或塑料管，通入水落管排水，见图 4-67（a）。当采用管口排水的，管口水舌向外挑出至少 80mm，以防排水时水溅到下层阳台扶手上，见图 4-67（b）。

(a) 水落管排水　　　　　(b) 管口排水

图 4-67　阳台排水处理

2. 雨篷

雨篷是建筑物入口处位于外门上部用以遮挡雨水、保护外门免受雨水浸蚀的水平构件。多采用现浇钢筋混凝土悬挑，其悬臂长度一般为 1～1.5m。

常见的钢筋混凝土悬臂雨篷有板式和梁板式两种。为防止雨篷产生倾覆，常将雨篷与入口处门上的过梁（或圈梁）浇在一起，见图 4-68。

(a) 板式雨篷　　　　　　　　　(b) 梁板式雨篷

图 4-68　雨篷构造

由于雨篷承受的荷载不大，因此雨篷板的厚度较薄，通常还做成变截面形式。采用无组织排水方式，在板底周边设滴水，见图 4-68（a）。另外对出挑较多的雨篷，多做梁板式雨篷，为了防止周边滴水，常将周边梁向上翻起成反梁式，见图 4-68（b）。为防止水舌阻塞而在上部积水，出现渗漏，在雨篷顶部及四侧需做防水砂浆粉面形成泛水。

第四节　楼梯与电梯

建筑物中作为楼层间相互联系的垂直交通设施有楼梯、电梯、自动楼梯、爬梯以及坡道等。电梯用于层数较多或特种需要的建筑物中，设有电梯或自动楼梯的建筑物，也必须同时设置楼梯。通常在建筑物入口处，因室内外地面的高差而设置的踏步段，称台阶。为了方便车及轮椅通行，可增设坡道。

一、楼梯的组成

一般楼梯主要由楼梯梯段、平台和栏杆扶手部分组成，见图4-69。

栏杆扶手

楼梯平台

楼梯梯段

图 4-69　楼梯的组成

1. 楼梯梯段

设有踏步供层间上下行走的通道段落，称梯段。楼梯的坡度就是由踏步形成的。踏步又分为踏面（供行走时踏脚的水平部分）和踢面（形成踏步高差的垂直部分）。在一般情况下，一个梯段不应少于3步，也不应大于18步。少于3步易被忽视，有可能造成伤害。超过18步行走会感到疲劳。

2. 楼梯平台

平台指连接两个梯段之间的水平构件。主要作用是供楼梯转折、连通某个楼层或使用者缓冲疲劳。平台的标高有时与某个楼层相一致（楼层平台），有时介于两个楼层之间（中间平台）。

3. 栏杆扶手

为了在楼梯上行走安全，梯段和平台的临空边缘应设置栏杆，栏杆的顶部供依扶用的连续构件，称扶手。

二、楼梯的形式

一般建筑物中，最常见的楼梯形式是双梯段的并列式楼梯，称双跑楼梯或双折楼梯。其他还有单梯段楼梯，或双梯段直跑式和双梯段折角式楼梯；用于公共建筑的双向折角式、三梯段并列式、三折连续式、剪刀式和圆弧形楼梯等多种形式，见图 4-70。此外，尚有内径相当小的螺旋形楼梯、带扇步的楼梯等。

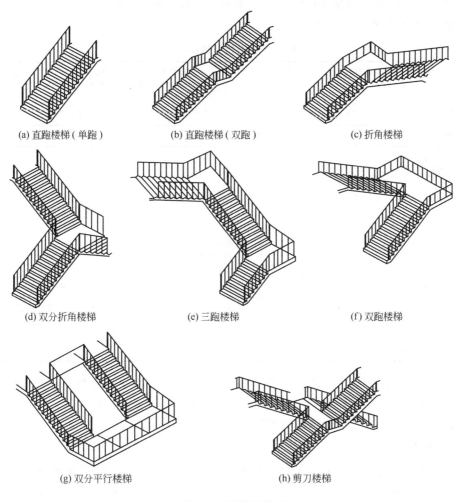

(a) 直跑楼梯 (单跑)　　　　(b) 直跑楼梯 (双跑)　　　　(c) 折角楼梯

(d) 双分折角楼梯　　　　(e) 三跑楼梯　　　　(f) 双跑楼梯

(g) 双分平行楼梯　　　　(h) 剪刀楼梯

图 4-70　楼梯的形式

三、楼梯的一般尺寸

1. 坡度

楼梯的坡度应根据建筑物的使用性质和层高来确定。楼梯、爬梯及坡道的区别，在于其坡度的大小和踏级的高宽比等关系上。楼梯常见坡度范围为 25°～45°，其中以 30°左右较为通用。爬梯的范围在 60°以上。坡道的坡度范围一般在 15°以下，其坡度在 1：12 以下的属于平缓的坡道，而坡度在 1：10 以上的坡道应有防滑措施。

2. 踏步的尺寸

楼梯踏步的尺寸决定了楼梯的坡度，反过来根据使用的要求选定了合适的楼梯坡度之后，踏步的踏面宽及踢面高之间也就存在一定的关系。除此之外，行走的舒适性也是决定选取踏步尺寸的重要因素。

假设楼梯踏步的踏面宽及踢面高分别为 b 和 h，确定及计算踏步尺寸的经验公式为：$2h+b=600\sim620mm$，其中 $600\sim620mm$ 表示一般人的平均步距。

其中 b、h 取值可以见表4-3。

表 4-3 一般楼梯踏步尺寸

mm

建筑类型	踢面高(h)	踏面宽(b)	建筑类型	踢面高(h)	踏面宽(b)
住宅	156~175	250~300	医院(病人用)	150	300
学校、办公楼	140~160	280~340	幼儿园	120~150	260~300
剧院、会堂	120~150	300~350			

3. 梯段和平台的尺寸

梯段的宽度取决于同时通过的人流股数及使用要求。楼梯梯段宽度的计算依据见表4-4。

表 4-4 楼梯梯段宽度

mm

计算依据：每股人流宽度为 $550+(0\sim150)$		
类 别	梯段宽	备注
单人通过	>900	满足单人携物通过
双人通过	1100~1400	
三人通过	1650~2100	

梯段的长度取决于该段的踏步数及其每一步的踏面宽。由于梯段与平台之间也存在一步的高差，因此如果某梯段有 n 步的话，该梯段的长度为 $b\times(n-1)$。

平台的深度应该大于等于梯段的宽度。

4. 楼梯净高控制

楼梯的净空高度是指梯段的任何一级踏步前缘至上一梯段结构下缘的垂直高度；或平台面（或底层地面）至顶部平台（或平台梁）底的垂直距离。楼梯下面净空高度的控制为：梯段上净高大于2200mm，楼梯平台处梁底下面的净高大于2000mm。

在大多数居住建筑中，常利用楼梯间作为出入口，当楼梯平台下作通道不能满足以上净高时，常采用以下办法解决，见图4-71。

① 底层第一梯段加长，形成长短跑，见图4-71（a）。

② 利用建筑物室内外高差，梯段长度不变，降低入口处平台下地面的标高，见图4-71（b）。

③ 综合上述两种方法。既采取长短跑梯段，又降低平台下地坪的标高，见图4-71（c）。

④ 底层用直跑楼梯，直接上到二楼，见图4-71（d）。

四、钢筋混凝土楼梯

楼梯按其材料不同有木材、钢筋混凝土、型钢或是多种材料混合使用。由于钢筋混凝

(a) 底层长短跑　　　　　　　　　　　　　　　(b) 局部降低地坪

(c) 底层长短跑并局部降低地坪　　　　　　　　(d) 底层直跑

图 4-71　楼梯平台下设出入口时楼梯净高设计方式

土的耐火、耐久性能均较其他材料的楼梯高，故钢筋混凝土楼梯应用最为广泛。钢筋混凝土楼梯有现浇式（又称整体式）和装配式两类。现浇式钢筋混凝土楼梯的刚度大，但是施工速度慢，模板耗费多；装配式构件预制质量易保证，受季节影响小，但构件一次性投资大。

1. 现浇式钢筋混凝土楼梯

现浇钢筋混凝土楼梯的结构形式有两种：板式和梁板式。

（1）板式梯段

板式梯段是指由梯段板承受该梯段全部荷载的楼梯，见图 4-72。梯段与平台相连，通常的处理是在平台处设置一平台梁以支承上下梯段板和平台板。

（2）梁板式梯段

梁板式梯段的踏步板支承在斜梁上，斜梁又支承在平台梁上，见图 4-73。为节约用料及模板，通常在梯段靠墙一边也可不设斜梁，则板一边搁置在墙上，一边搁置在斜梁上。梁板式梯段较之板式梯段可以缩小板跨，减薄板厚。

现浇钢筋混凝土梁板式梯段有两种形式：一种为梁在踏步板下面露出一部分，上面踏

(a) 有平台梁　　　　　　　　　　(b) 无平台梁

图 4-72　板式楼梯

步露明，通称明步，较为明快，但在板下露出梁的阴角容易积灰，见图 4-73（a）；还有一种边梁向上翻，下面平整，踏步包在梁内，通称暗步，梁与踏板形成的凹角在上，见图 4-73（b）。

(a) 明步

(b) 暗步

图 4-73　梁板式楼梯

2. 装配式钢筋混凝土楼梯

装配式钢筋混凝土楼梯根据构件尺度的不同，大致可分为小型构件装配式和中、大型构件装配式两大类。

(1) 小型构件装配式楼梯

小型构件装配式楼梯的主要特点就是构件小而轻，易制作。但施工繁而慢，适用于施工条件较差的地区。一般预制踏步和它们的支承结构是分开的。

钢筋混凝土预制踏步的构件断面形式，一般有一字形、L形和三角形三种。

预制踏步的支承结构一般有梁承式、墙承式以及悬臂踏步三种。

① 梁承式楼梯　梁承式楼梯的结构布置形式为：预制踏步搁置在斜梁上形成梯段，梯段斜梁搁置在平台梁上，平台梁搁置在两边墙或柱上，见图 4-74，而平台板搁在两边横墙上，也可平台板搁在平台梁和纵墙上。

② 墙承式楼梯　这种楼梯是把预制踏步搁置在两面墙上，而省去梯段上的斜梁。一般适用于单向楼梯，或中间有电梯间的三折楼梯。对于双折楼梯来说，梯段采用两面搁墙，则在楼梯间必须加一道中间墙作为踏步板的支座，见图 4-75。

图 4-74　梁承式楼梯

图 4-75　墙承式预制踏步楼梯

③ 悬臂踏步楼梯　悬臂踏步楼梯是将预制单个踏步板的一端嵌固在楼梯间侧墙上，另一端悬挑的构造形式，见图 4-76。踏步板用一字形板式及正反 L 形均可，一般肋在上 L 形踏步，结构较合理，使用最为普遍，砌入墙内部分有的扩大成矩形，墙的厚度不小于一砖。

图 4-76　悬臂踏步楼梯

这种楼梯悬臂长度通常为 1200～1500mm。也有做到 1800mm 者，则端部常设联系梁。

(2) 中型、大型构件装配式楼梯

中型或大型构件装配式楼梯，主要可以减少预制构件的品种和数量，利用吊装工具进行安装，可以简化施工过程，加快速度，减轻劳动强度。中型构件装配式双折楼梯一般是以楼梯段和楼梯平台各做一个构件装配而成。

楼梯梯段有板式、梁式两种。

① 板式梯段　上面为明步，底面平整，结构形式有实心、空心之分。实心板自重较大，见图 4-77 (a)。空心板有纵向和横向抽孔两种，纵向抽孔厚度较大，横向抽孔孔型可以是圆形或三角形的，见图 4-77 (b)、(c)。

② 梁式梯段　两侧有梁，梁板制成一个整件，一般在梁中间做三角形踏步形成槽板式梯段，见图 4-78。在踏步断面上设法减小其自重，通常有去角以减薄踏步的厚度；踏步内抽孔；折板式踏步等方法。

梯段在平台梁处的搁置见图 4-79。平台梁可采用矩形梁，但降低了平台下的净空；L形平台梁与梯段板结合，增加了净高，但梯段节点处构造复杂；L 形平台梁做成与梯段斜度相适应的斜面作为搁置面，改进了梯段的搁置构造，而且由于平台梁和平台板的结合，结构较易取得平衡。梯段搁置处通常先铺一层水泥砂浆，再用预埋铁件焊接或梯段顶套在平台梁预埋插铁留孔中用砂浆窝牢，见图 4-80。

五、踏面、栏杆和扶手

1. 踏步面层及防滑措施

踏步的上表面要求耐磨，便于清洁。常采用水泥砂浆抹面，水磨石或缸砖贴面及大理石等面层，见图 4-81。

板式竖向空心梯段剖面

竖向空心梯段

空心平台板

(c) 板式竖孔梯段、空心平台板

现浇细石混凝土

板式梯段

(a) 板式梯段、平台梁、空心板平台

(b) 板式墙孔梯段、槽形平台板

图 4-77　板式梯段与平台结构形式

图 4-78　槽板式梯段

(a) 矩形平台梁　(b) L 形平台梁　(c) 斜面 L 形梁

图 4-79　梯段的搁置

(a) 预埋钢板电焊

(b) 插筋套接

图 4-80　梯段与平台梁的连接

(a) 水泥砂浆踏步面层　　(b) 水磨石踏步面层　　(c) 缸砖踏步面层　　(d) 大理石或人造石踏步面层

图 4-81　踏步面层构造

2. 踏步面层的防滑

人流较为集中而拥挤的建筑，为防止行人上下楼梯时滑倒，踏步面层应做防滑措施。一般建筑常在近踏步口做防滑条或防滑包口，见图 4-82，也可铺垫地毯或防滑塑料或者橡胶贴面等。

(a) 防滑凹槽　　　　　　(b) 金刚砂防滑条　　　　　(c) 贴马赛克防滑条

(d) 嵌橡胶防滑条　　　　(e) 缸砖包口　　　　　　　(f) 铸铁包口

图 4-82　踏步防滑条构造

3. 栏杆及扶手

栏杆是梯段与平台临空一边所设的安全设施，也是建筑中装饰性较强的构件。栏杆的上沿为扶手，作行走时依扶之用。较宽的楼梯，在靠墙一边还要安装靠墙扶手。最常用的楼梯扶手栏杆或栏板的形式见图 4-83。

(1) 楼梯扶手及栏杆或栏板的常用尺寸

楼梯的扶手高度一般为自踏面前缘线以上 900mm，使用对象主要为儿童的建筑物中，需要在 600mm 左右高度再设置一道扶手，以适应儿童的身高。这类建筑的楼梯栏杆应采用不宜攀登的垂直线饰，且垂直线饰间的净距不应小于 110mm，以防发生意外。室外楼梯，特别是消防楼梯的扶手高度应不小于 1100mm。

(2) 楼梯栏杆或栏板安装及固定

常用的楼梯栏杆多为钢构件，立杆与混凝土梯段及平台之间的固定方式有预埋件焊接、开脚预埋（或留孔后装）、预埋件栓接、直接用膨胀螺丝固定等几种，安装位置为踏步侧面或踏步面上的边沿部分。横杆与立杆连接则多采用焊接方式。栏板的材料主要是混

(a) 栏杆（一）　　　(b) 栏杆（二）　　　(c) 栏杆（三）

(d) 栏杆（四）　　　(e) 栏板（一）　　　(f) 栏板（二）

图 4-83　常用楼梯扶手栏杆或栏板形式

凝土、砌体或钢丝网、玻璃等。

（3）楼梯扶手安装和制作

楼梯的扶手常采用木制品、合金或不锈钢等金属材料以及工程塑料、石料及混凝土预制件等。木扶手靠木螺丝通过一通长扁铁与空花栏杆连接，扁铁与栏杆顶端焊接，穿木螺丝固定；金属扶手可以与金属立杆直接焊接；塑料扶手与钢立杆连接是利用其弹性卡固定在扁钢带上。几种常见楼梯扶手安装方法，见图 4-84。

图 4-84　楼梯扶手安装及固定

在平行双跑楼梯的平台转折处，常因扶手的高差需进行处理，当上行楼梯和下行楼梯的第一个踏步口设在一条线上，如果平台处栏杆紧靠踏步口设置，则栏杆扶手的顶部高度突然变化，扶手需做成一个较大的弯曲线，即所谓鹤颈扶手，见图 4-85（a）。也可以将平台处栏杆伸出踏步口约半步的地方，见图 4-85（b）。或将上下行楼梯的第一级踏步错开一步，见图 4-85（c）。

六、垂直电梯

垂直电梯是一种以电动机为动力的垂直升降机，装有箱状吊舱，用于多层建筑乘人或载运货物。垂直升降电梯具有一个轿厢，运行在至少两列垂直的刚性导轨之间。轿厢尺寸与结构形式便于乘客出入或装卸货物。习惯上不论其驱动方式如何，将电梯作为建筑物内垂直交通运输工具的总称。除普通乘客电梯外，还有医院专用的病床电梯等。

(a) 鹤颈扶手　　　　(b) 栏杆扶手伸出踏步半步　　　　(c) 上下梯段错开一步

图 4-85　转折处扶手高差处理

如图 4-86 所示为不同类别电梯的平面示意图。

(a) 客梯（双扇推拉门）　　(b) 病床梯（双扇推拉门）　　(c) 货梯（中分双扇推拉门）　　(d) 小型杂物梯

图 4-86　电梯平面示意图

1—电梯厢；2—轨道及撑架；3—平衡重

电梯由电梯井道、电梯机房和井道地坑三大构造部分组成。

1. 电梯井道

电梯井道是电梯运行的通道，电梯井道当中安装有导轨、平衡重和限速器等，如图 4-87 所示。

电梯井道是高层建筑连同各层的垂直通道，火灾事故中火焰及烟雾等有害物质容易蔓延。因此井道设计应根据有关防火规范进行设计，如采用砖墙或钢筋混凝土墙。高层建筑的电梯井道内，超过两部电梯时应用墙隔开。为了减轻机器运行时对建筑物产生的振动和噪声，还应采取适当的隔振及隔声措施。一般情况下，在机房机座下设置弹性垫层来达到隔振及隔声目的，如图 4-88（a）所示。电梯运行速度超过 1.5m/s 者，除弹性垫层外，还应在机房与井道间设隔声层，高度为 1.5～1.8m，如图 4-88（b）所示。

井道除设置排烟通风口外，还要考虑电梯运行中井道空气流通问题，可在井道顶部和底坑设通风孔和排烟孔，层数较多的建筑，中间可增加通风孔。

为了安装、检修和缓冲，井道的上下应留有必要的空间。

井道底坑壁及底还应做防水处理，消防电梯的井道底坑应有排水设施。

2. 电梯机房

电梯机房一般设置在电梯井道的顶部，如图 4-88 所示；少数也设在底层井道旁边，如图 4-89 所示。机房的平面尺寸须根据机械设备尺寸的安排、管理和维修等需要决定，高度一般为 $2.5 \sim 3.5\mathrm{m}$，另外两个面每面应外扩 600mm 以上。

机房的防火要求与井道一样。

3. 井道地坑

井道地坑在最底层平面标高下（$H \geqslant 1.4\mathrm{m}$），作为轿厢下降时所需要的缓冲器安装空间。应有永久的照明，底坑应平整、不得漏水渗水。

图 4-87 电梯井道内部示意图

(a) 无隔声层(通过电梯门剖面)　(b) 有隔声层(平行电梯门剖面)

图 4-88 电梯机房隔振、隔声处理

图 4-89 底层机房电梯

七、自动扶梯

自动扶梯是建筑物各层间连续运输效率最高的载客设备。一般自动扶梯均可正、逆两方向运行，停机时可当临时楼梯行走。适用于大量人流上下的建筑物内，如地下铁道、火车站、机场、大型商场等。自动扶梯的平面布置可单台设置或双台并列，如图4-90 所示。双台并列时一般采用一上一下的方式运行，以求得垂直交通的连续性，但必须在二者之间留有足够的结构间距（一般不小于 380mm），以保证装修的方便及使用者的安全。

(a) 双台并列

(b) 单台设置

图 4-90　自动扶梯平面图

自动扶梯是电动机械牵动梯级踏步连扶手带上下运行，其机房悬在楼板下面，楼层下做装饰处理，底层做地坑，自动扶梯基本尺寸如图 4-91 所示。在自动扶梯机房上部自动扶梯口处应做活动地板，用于检修使用。地坑也应该进行防水处理。

图 4-91　自动扶梯基本尺寸

在建筑物中设置自动扶梯时，上下两层总和如果超过防火分区面积要求时，应按有关防火要求设置防火隔断或复合式防火卷帘封闭自动扶梯井。

第五节　屋　　顶

屋顶是房屋最上层起覆盖作用的围护结构，又是房屋上层的承重结构，同时对房屋上部还起着水平支撑作用。

一、屋顶的组成与形式

屋顶主要由屋面和支承结构所组成，屋面应根据防水、保温、隔热、隔声、防火等功能的需要，设置不同的构造层次，从而选择合适的建筑材料。

屋顶的形式与房屋的使用功能、屋面盖料、结构选型以及建筑造型要求等有关。由于以上各种因素的不同，便形成平屋顶、坡屋顶以及曲面屋顶等多种形式，见图4-92。

| (a) 平屋顶 | (b) 坡屋顶 | (c) 折板 |

| (d) 壳体 | (e) 网架 | (f) 悬索 |

图 4-92　屋顶形式

二、屋面的坡度

1. 影响坡度的因素

影响屋面坡度的因素很多，它与屋面材料、地理气候条件、屋顶结构形式、施工方法、构造组合方式、建筑造型要求以及经济等方面的影响都有一定的关系。其中屋面覆盖材料的形体尺寸对屋面坡度的影响比较大。一般情况下，屋面覆盖材料的面积越小，厚度越大，它的屋面排水坡度也越大。反之，屋面覆盖材料的面积越大，厚度越薄，则屋面排水坡度就可以较为平缓一些。

不同的屋面防水材料有各自的排水坡度范围，见图4-93。

2. 坡度形成方法

屋面的坡度形成有结构找坡和材料找坡两种方法。

图 4-93　常用屋面坡度范围

（1）结构找坡

也称搁置坡度。屋顶结构自身有排水坡度。一般采用上表面呈倾斜的屋面梁或屋架上安装屋面板，也可采用在顶面倾斜的山墙上搁置屋面板，使结构表面形成坡面，见图4-94。这种做法不需另加找坡材料，不增加荷载、施工简便，造价低，缺点是室内顶棚稍有倾斜，空间不够规整，有时需加设吊顶。房屋平面凹凸变化时应另加局部垫坡，见图4-94（d）。

（2）材料找坡

又称垫置坡度。屋顶结构层水平搁置，屋顶坡度由垫坡材料形成，采用价廉、质轻的材料，如炉渣加水泥或石灰来垫置屋面排水坡度，上面再做防水层，见图4-95。垫置坡度不宜过大，避免增加材料和荷载。须设保温层的地区，也可用保温材料来形成坡度。

(a) 横墙搁屋面板　　　　　(b) 横梁搁屋面板　　　　　(c) 屋架搁屋面板

(d) 搁置屋面的局部垫坡　　　(e) 纵梁纵墙搁置屋面板　　　(f) 内外纵墙搁置屋面板

图 4-94　屋顶搁置坡度

三、屋面的分类

屋顶按排水坡度的不同，一般可分为坡屋顶和平屋顶，常见的有以下几种屋面类型。

1. 瓦屋面

瓦屋面有平瓦、小青瓦、筒板瓦等。这些瓦

图 4-95　屋顶垫置坡度

一般平面尺寸不很大，本身有一定的厚度，需要有一定的搭接和坡度才能使雨水排除，排水坡度常在 50% 左右，见图 4-96（a）。

2. 波形瓦屋面

波形瓦有纤维水泥波瓦、镀锌铁皮波瓦、铝合金波瓦、玻璃钢波瓦及压型薄钢板波瓦等。由于每张瓦的覆盖面积大，厚度较薄，排水坡度可比瓦屋面小些，一般常用坡度为 25%～40%，见图 4-96（b）。

3. 平金属皮屋面

平金属皮屋面有镀锌铁皮、涂塑薄钢板、铝合金板和不锈钢板等的屋面。常采用折叠接合接缝，使屋面形成一个密封的覆盖层，见图 4-96（c）。坡度可较小，常用 10%～20%。并可用于曲面的屋顶。

4. 平屋面

一般为现浇或预制的钢筋混凝土平屋顶作基层，上面铺设柔性防水层、刚性防水层、涂料防水层等的屋面。它是全面覆盖的防水屋面，为了排水通畅，常用 1%～5% 的坡度。

其他还有构件自防水屋面等，见图 4-96（d）。

(a) 平瓦屋面　　　　　　　　　　(b) 波形瓦屋面

(c) 平金属皮屋面　　　　　　　　(d) 构件自防水屋面

图 4-96　常用屋面的类型

四、平屋顶

一般对于屋面排水坡度小于 10% 的屋顶称为平屋顶，常取 2%～3% 坡度，上人屋面多采用 1%～2%。

1. 屋顶的排水方式

屋顶的排水方式一般分为无组织排水和有组织排水两大类。

（1）无组织排水

又称自由落水。屋面的雨水由檐口自由滴落到室外地面。这种做法构造简单、经济，但落水时，雨水将会溅湿勒脚或可能冲刷墙面。一般适用于低层及雨水较少的地区。

（2）有组织排水

有组织排水是将屋面划分成若干个排水区，按一定的排水坡度把屋面雨水有组织地排到檐沟或雨水口，通过雨水管排泄到散水或明沟中。

有组织排水又分为有组织外排水和有组织内排水。

① 一般大量性民用建筑多采用外排水，根据檐口做法又分为挑檐沟外排水和女儿墙内檐外排水。

挑檐沟外排水见图4-97，屋面可以根据房屋的跨度和外形需要，做成单坡、双坡或四坡排水，同时在相应的各面设置排水檐沟。雨水从屋面排至檐沟，沟内垫出不小于0.5％的纵向坡度，把雨水引向雨水口经水落管排泄到地面的明沟和集水井。

(a) 四周檐沟或山墙挑檐压边　　　　(b) 两面檐沟，设女儿墙

图4-97　平屋顶挑檐沟外排水形式

女儿墙内檐排水是指设有女儿墙的平屋顶，可在女儿墙近外檐处垫坡排水，或里面设内檐沟，见图4-98（a）、（b），雨水口可穿过女儿墙，在外墙外面设水落管排除。

(a) 女儿墙内垫排水坡　　　　(b) 女儿墙内檐沟

(c) 内天沟排水　　　　(d) 内排水

图4-98　平屋顶内檐排水和内排水形式

② 大面积、多跨、高层以及特种要求的平屋顶常做成内排水方式，见图 4-98（c）、（d）。雨水经雨水口流入室内水落管，再由地下管道把雨水排到室外排水系统。

2. 柔性防水屋面

柔性防水屋面是将柔性的防水卷材或片材用胶结材料粘贴在屋面上，形成一个大面积的封闭防水覆盖层。这种防水层具有一定的延伸性，能较好地适应结构的温度变形，故称柔性防水屋面，也称卷材防水屋面。

（1）防水卷材的类型

防水卷材的类型有沥青卷材防水、高聚物改性沥青防水卷材和合成高分子防水卷材等。

（2）卷材防水保温屋面构造层次（图 4-99）

① 保护层　为防止太阳辐射、雨水冲刷、温度变化和外力作用等对防水层造成损害，延长卷材防水层的使用寿命，应在卷材防水层上设保护层。不上人屋面一般多在表

图 4-99　柔性防水保温屋面构造

面用沥青胶粘着一层 3～6mm 粒径的粗砂作为保护层，俗称绿豆砂。上人屋面可另加面层用作油保护层。一般可在防水层上浇筑 30～40mm 厚的细石混凝土面层，也可用砂垫层或水泥砂浆铺预制混凝土块或大阶砖；还可将预制板或大阶砖架空铺设以利通风。

② 防水层　防水层由防水卷材和相应的卷材黏结剂分层黏结而成，层数或厚度由防水等级确定。卷材的铺贴方法有冷粘法、热熔法、热风焊接法、自粘法等。卷材可平行或垂直屋顶铺贴。屋面坡度小于 3% 时，卷材以平行屋脊铺贴；屋面坡度大于 15%，沥青防水卷材应垂直屋脊铺贴。

③ 结合层　为使防水层与找平层黏结牢固，应在防水层和找平层之间设结合层，即在找平层上喷涂或涂刷基层处理剂。基层处理剂的选择应与防水卷材的材料性质相容，使之黏结良好。

④ 保温、隔汽层　它们是为了满足房屋的使用要求而设置的构造层，保温层为防止冬季室内过冷，隔气层是为防止潮气侵入屋顶保温层等。

⑤ 找平层　卷材防水层要求铺贴在坚固而平整的基层上，以防止卷材凹陷或断裂，在松软材料及预制屋顶板上铺设卷材以前，须先做找平层。找平层一般采用（1:2.5）～（1:3）水泥砂浆，厚度为 15～30mm，也可采用细石混凝土或沥青砂浆。

⑥ 结构层　结构层多采用刚度好、变形小的各类钢筋混凝土屋面板。

（3）卷材防水屋面的细部构造

① 檐口　卷材防水屋面的檐口一般有自由落水檐口、挑檐沟檐口、女儿墙内檐沟檐口、女儿墙外檐沟檐口等类型。其中防水层在檐口处的收头是关键部位。自由落水檐口的卷材收头极易开裂渗水，好的做法是采用油膏嵌缝上面再洒绿豆砂保护，或檐口处要多加一层卷材，见图 4-100。其檐沟口处的卷材收头，一般有压砂浆、嵌油膏和插铁卡住等，见图 4-101。

② 泛水　泛水是屋面防水层与垂直墙交接处的防水处理，见图 4-102。一般用砂浆在

(a) 油膏嵌缝压毡　　　　　　(b) 油膏嵌缝压毡再铺面层油毡盖砂

图 4-100　自由落水油毡屋顶檐口构造

(a) 檐沟构造　　(b) 砂浆压毡收头　(c) 油膏压毡收头　(d) 插铁油膏压毡收头　(e) 插铁砂浆压毡收头

图 4-101　油毡防水层在檐沟口的构造

转角处做弧形或 45°斜面，卷材粘贴至垂直面不少于 250mm，以免屋面积水超过卷材而造成渗漏。最后在垂直墙面上应把卷材上口压住，防止卷材张口，造成渗漏。

③ 雨水口　雨水口是屋面雨水汇集并排至水落管的连接构件，构造上要求排水通畅、防止渗漏堵塞。具体构造见图 4-103。雨水口分直管式和弯管式两大类。直管式用于内排

(a) 油毡开口渗水　　　　(b) 铁皮压毡　　　　(c) 砂浆嵌固

(d) 油膏嵌固　　　　(e) 压砖抹灰泛水　　　　(f) 混凝土压毡泛水

图 4-102　油毡防水层泛水做法

水中间天沟、外排水挑檐等；弯管式只适用女儿墙外排水天沟。所有雨水口处都应尽可能比屋面或檐沟面低一些，有垫坡或保温层的屋面，可在雨水口直径 500mm 周围减薄，形成漏斗形，使之排水通畅，避免积水。

(a) 雨水口容易渗水的部位　　(b) 铸铁雨水口　　(c) 铁丝罩铸铁雨水口

(d) 上人屋面铸铁雨水口　　　　(e) 铸铁侧向雨水口

图 4-103　雨水口构造

3. 刚性防水屋面

刚性防水屋面是以防水砂浆抹面或密实混凝土浇捣而成的刚性材料屋面防水层。其主要特点是施工方便、节约材料、造价经济和维修较为方便。但对温度变化和结构变形较为敏感，施工技术要求较高，较易产生裂缝而渗漏水，要求采取防治的构造措施。

(1) 刚性防水屋面的构造（图 4-104）

① 防水层　在屋面承重结构上，现浇不小于 40mm 厚 C20 的细石混凝土。为防止因结构层变形而引起防水层开裂，要加强防水层的整体性，通常在混凝土中配置 $\phi4mm$ 双向钢筋网，间隔 100～200mm，见图 4-105。钢筋的位置应靠近上表面，以防止表面出现裂缝。

—40 厚 C20 细石混凝土内置 $\phi4@200$ 双向配筋
—20 厚 1:3 石灰砂浆抹面浮筑层
—30 厚 C15 细石混凝土找平层
—120 厚预制钢筋混凝土屋面板细石混凝土嵌缝

图 4-104　刚性防水屋面构造　　　图 4-105　细石混凝土配筋防水屋面

② 隔离层　也叫浮筑层，是在刚性防水层与结构层之间增设一隔离层，使上下分离以适应各自的变形，从而减少由于上下层变化不同而相互制约。一般先在结构层上面用水泥砂浆找平，再用废机油、沥青、油毡、黏土、石灰砂浆、纸筋石灰作隔离层。

③ 找平层　现浇钢筋混凝土屋面板时，可不用找平层。预制板需用 1：3 水泥砂浆灌缝，找平。

④ 结构层　刚性防水屋面一般适用于现浇或预制钢筋混凝土屋面结构。

(2) 分仓缝

又称分格缝，为防止屋面不规则裂缝，适应屋面变形，刚性防水屋面必须设置分仓缝。每仓面面积宜控制在 $15\sim25m^2$，间距控制在 $3\sim5m$，分仓缝宽 20mm 左右。分仓缝的位置一般在预制板支座（横缝）和拼接（纵缝）处，见图 4-106。

图 4-106　刚性防水屋面分仓缝的划分

分仓缝构造做法有很多，原则一是保证不漏水，二是要适应可能产生的变形，各构造层必须断开。分仓缝的构造见图 4-107。

(3) 刚性防水屋面细部构造

① 檐口　刚性防水屋面的檐口有自由落水挑檐口、檐沟挑檐口、包檐外排水檐口等形式，见图 4-108～图 4-110。

② 泛水构造　凡屋面防水层与垂直墙面的交接处均须做泛水处理，见图 4-111。一般做法是将细石混凝土防水层直接引伸到垂直墙面上，细石混凝土内的钢筋网片也应同时上弯。砖墙挑出 1/4 砖，抹水泥砂浆滴水线，泛水高度应大于 150mm。

五、坡屋顶

1. 坡屋顶的形式和组成

坡屋顶通常是指屋顶坡度在 10% 以上的屋顶，根据构造不同，常见形式有单坡、双坡屋顶和四坡顶，见图 4-112。双坡屋顶又分为悬山、硬山屋顶。悬山屋顶的山墙挑檐，硬山屋顶的山墙不出檐。

坡屋顶一般由承重结构和屋面两部分所组成，必要时还有保温层、隔热层及顶棚等，见图 4-113。

2. 坡屋顶的承重结构

坡屋顶中常用的承重结构有横墙承重、屋架承重和梁架承重，见图 4-114。

图 4-107　分仓缝的构造

图 4-108　刚性防水屋面自由落水挑檐口构造

（1）横墙承重

横墙承重是屋顶根据所要求的坡度，将横墙上部砌成三角形，在墙上直接搁置承重构件（如檩条），来承受屋顶荷载的结构方式。横墙承重构造简单、施工方便、节约材料，有利于屋顶的防火和隔声。但平面布局受到一定限制。

（2）屋架承重

屋架承重是由一组杆件在同一平面内互相结合成整体构件屋架，其上搁置承重构件（如檩条）来承受屋顶荷载的结构方式。这种承重方式可以形成较大的内部空间。

(a) 屋面板与檐沟之间易渗漏的部位(一)　　(b) 屋面板与檐沟之间易渗漏的部位(二)　　(c) 设浮筑层刚性防水层挑出

(d) 屋面板出挑檐沟，在支座处设滑动支座，刚性防水层挑出下设浮筑层　　(e) 刚性防水层做到檐沟(一)　　(f) 刚性防水层做到檐沟(二)

图 4-109　刚性防水屋面檐沟挑檐口构造

(a) 包檐外排水　　　　　　　　　　(b) 外檐沟包檐外排水

图 4-110　刚性防水屋面包檐外排水檐口构造

(a) 挑砖抹滴水线　　　　(b) 油膏嵌缝　　　　(c) 铁皮盖缝

图 4-111　刚性防水屋面泛水构造

(a) 单坡   (b) 硬山   (c) 悬山   (d) 四坡

(e) 卷棚   (f) 庑殿   (g) 歇山   (h) 攒尖

图 4-112 坡屋顶形式

图 4-113 坡屋顶的组成

(a) 横墙承重

(b) 屋架承重

(c) 梁架承重

图 4-114 承重结构类型

（3）梁架承重

它是传统屋顶结构形式，以柱和梁形成梁架支撑檩条，每隔两根或三根檩条立一柱，并利用檩条及联系梁，把整个房屋形成一个整体骨架。

3. 坡屋顶的构造

坡屋顶是在承重结构上设置保温、防水等构造层。一般是利用各种瓦材，如平瓦、波形瓦、小青瓦、金属瓦、彩色压型钢板等作为屋顶防水材料。

平瓦屋顶是目前常用的一种形式。平瓦外形是根据排水要求而设计的，见图 4-115，瓦的规格尺寸为（380～420）mm×（230～250）mm×（20～25）mm，瓦的两边及上下留有槽口以便瓦的搭接，瓦的背面有凸缘及小孔用以挂瓦及穿铁丝固定。屋脊部位需专用的脊瓦盖缝。

(a) 平瓦　　　　(b) 脊瓦

图 4-115　平瓦

（1）平瓦屋面类型

平瓦屋面根据材料和构造不同有冷摊瓦屋面、木望板瓦屋面和钢筋混凝土挂瓦板平瓦屋面等做法。

① 冷摊瓦屋面　冷摊瓦屋面是在檩条上钉椽条，在椽条上钉挂瓦条并直接挂瓦，见图 4-116 （a）。做法构造简单，但瓦缝容易渗漏，屋顶的保温效果差。

② 木望板瓦屋面　见图 4-116 （b），是在檩条上铺钉木望板（又称屋面板），木望板可采取密铺法或稀铺法（望板间留 20mm 左右宽的缝），在木望板上铺设保温材料，再平行于屋脊方向铺卷材，再设置顺水条，然后在顺水条上面设挂瓦条并挂瓦。

(a) 冷摊瓦屋面　　　　(b) 木望板瓦屋面

图 4-116　冷摊瓦和木望板瓦屋面

③ 钢筋混凝土挂瓦板平瓦屋面　见图 4-117，其挂瓦板为预应力或非预应力混凝土构件，是将檩条、望板、挂瓦板三个构件的功能结合为一体。钢筋混凝土挂瓦板基本截面形

式有单 T 形、双 T 形、F 形，在肋根部留泄水孔，以便排除由瓦面渗漏下的雨水。挂瓦板与山墙或屋架的构造连接，用水泥砂浆坐浆，预埋钢筋套接。

单肋挂瓦板　　　异形挂瓦板

2400～4000

155　325　155
635
双肋挂瓦板尺寸

脊瓦
平瓦
挂瓦板
檐沟
挑梁
挂瓦板屋顶的剖面

图 4-117　钢筋混凝土挂瓦板平瓦屋面

④ **钢筋混凝土板瓦屋面**　见图 4-118，主要是满足防火或造型等的需要，在预制钢筋混凝土空心板或现浇平板上面盖瓦。可以在找平层上铺油毡一层，用压毡条钉在嵌在板缝内的木楔上，再钉挂瓦条挂瓦；或者是在屋顶板上直接粉刷防水水泥砂浆并贴瓦。

平瓦
25×20挂瓦条
25×30压毡条
油毡一层
1:3水泥砂浆找平层
空心板木楔

平瓦
草泥
空心板

齿形陶瓷面砖
1:3水泥砂浆铺贴
20防水砂浆找平层
空心板

(a) 木条挂瓦　　　(b) 草泥窝瓦　　　(c) 砂浆贴瓦

图 4-118　钢筋混凝土板瓦屋面

(2) 平瓦屋面节点构造

① **纵墙檐口构造**　纵墙檐口根据造型要求做成挑檐或封檐。纵墙檐口的几种构造方式见图 4-119。

(a) 砖砌挑檐

(b) 椽条外挑

(c) 挑檐木置于承重墙

(d) 挑檐木置于屋架下

(e) 女儿墙包檐口

图 4-119 纵墙檐口构造

② 山墙檐口构造 山墙檐口按屋顶形式分为硬山与悬山两种。硬山檐口构造见图 4-120，是将山墙升起与屋顶交接处做泛水处理；悬山檐口，也称山墙挑檐，构造见图 4-121，先将檩

(a) 挑砖抹灰泛水

(b) 小青瓦坐灰泛水

(c) 统长镀锌铁皮泛水

(d) 镀锌铁皮踏步泛水

图 4-120 硬山檐口构造

(a) 檩条挑檐

(b) 挑椽木挑檐　　　　　　　　(c) 山墙挑檐构造

图 4-121　悬山檐口构造

条外挑形成悬山，檩条端部钉木封檐板，用水泥砂浆做出披水线，将瓦封固。

③ 斜天沟构造　斜天沟一般用半张（450mm）宽的镀铸铁皮制成，两边包钉在木条上，本条高度要使瓦片搁在上面时，瓦片与其他瓦面平行，同时还可防止溢水。在斜沟两侧铺在屋面板上的油毡最好要包到木条上，否则在铁皮斜向的下面，要附加油毡一层。构造见图 4-122。

(a) 镀锌铁皮斜天沟　　　　　　(b) 缸瓦斜天沟

图 4-122　斜天沟构造

第六节　门　　窗

门和窗是房屋建筑中的两个围护构件，门的主要功能是交通出入、分隔联系建筑空间，并有采光和通风作用。窗的主要功能是采光、通风、观察和递物。在不同的使用条件下，门与窗还有保温、隔热、隔声、防水、防火、防尘、防爆、防盗等功能。

一、门窗的类型

常用门窗的材料有木、钢、铝合金、塑料、玻璃等。

1. 窗的开启方式

窗的开启方式主要取决于窗扇转动五金的位置及转动方式，通常有以下几种，见图4-123。

| (a) 固定窗 | (b) 平开窗 | (c) 上旋窗 | (d) 中旋窗 | (e) 下滑旋窗 |

| (f) 立转窗 | (g) 下旋窗 | (h) 垂直推拉窗 | (i) 水平推拉窗 | (j) 下旋 - 平开窗 |

图 4-123　窗的开启方式

① 固定窗　不能开启的窗，一般将玻璃直接安装在窗樘上，作用是采光。

② 平开窗　将窗扇用铰链固定在窗樘侧边，可水平开启的窗，有外开、内开之分。平开窗构造简单，制作、安装和维修均较方便，广泛应用于各类建筑中。

③ 旋窗　按转动铰链或转轴位置的不同有上旋、中旋、下旋窗三种。一般上旋和中旋窗向外开启，防雨效果较好，且有利于通风，常用于高窗；下旋窗不能防雨，只适用于内墙高窗及门上腰头窗。

④ 立转窗　在窗扇上下冒头设转轴，立向转动的窗，转轴可设在窗扇中心，也可设在一侧。有利于采光和通风，但密闭和防雨性能较差。

⑤ 推拉窗　分垂直推拉和水平推拉两种。水平推拉窗一般在窗扇上下设滑轨槽，开启时两扇或多扇重叠，不占据室内外空间，有利于采光。

2. 门的开启方式

门的开启方式主要是由使用要求决定的，通常有以下几种不同方式，见图4-124。

① 平开门　水平开启的门。铰链安在侧边，有单扇、双扇之分，也有向内开、向外开之分。平开门的构造简单，开启灵活，制作安装和维修均较方便，广泛应用于各类建筑中。

② 弹簧门　形式同平开门，唯侧边用弹簧铰链或下面用地弹簧传动，开启后能自动关闭。弹簧门的构造与安装比平开门稍复杂，用于人流出入较频繁或有自动关闭要求的场

图 4-124　门的开启方式

所。门上一般都安装玻璃，以免相互碰撞。

③ 推拉门　在上或下轨道上左右滑行。推拉门可有单扇或双扇，可以夹在墙内或贴在墙面外，占用面积较少。推拉门构造较为复杂。

④ 折叠门　为多扇折叠，可拼合折叠推移到侧边。传动方式简单者可以同平开门一样，复杂者在门的上边或下边须要装轨道及转动五金配件。

⑤ 转门　为三或四扇门连成风车形，在两个固定弧形门套内旋转的门。对防止内外空气的对流有一定的作用，可作为公共建筑及有空气调节房屋的外门。一般在转门的两旁另设平开或弹簧门，以作为不需空气调节的季节或大量人流疏散之用。

其他尚有上翻门、升降门、卷帘门等，一般适用于需较大活动的空间，如车间、车库及某些公共建筑的外门。

二、平开木窗的构造

1. 木窗的组成

窗主要由窗樘（俗称窗框）和窗扇组成。窗扇有玻璃窗扇、纱窗扇和百叶窗扇等。在窗扇和窗樘间为了转动和启闭中的临时固定，装有各种铰链、风钩、插销、拉手以及导轨、转轴、滑轮等五金零件。窗樘与墙连接处，根据不同的功能要求，要加设窗台板、贴脸、窗帘盒等，见图 4-125。平开窗一般为单层玻璃窗，为保温或隔声需要，可设置双层窗。

图 4-125　木窗的组成　　　　　　　　图 4-126　窗框立框法

2. 窗框

(1) 窗框的安装

窗框是墙与窗扇之间的联系构件，施工时安装方式一般有立框法及塞框法两种。

① 立框法　立框法又称立口，施工时先将窗框立好后砌窗间墙。为加强窗框与墙的联系，在窗上下档各伸出约半砖长的木段（俗称羊角），同时在边框外侧每 500～700mm 设一拉砖（俗称木鞠）或铁脚砌入墙身，见图 4-126。这种安装方法的优点是窗框与墙的连接较为紧密；缺点是施工不便，窗框及其临时支撑易被碰撞，有时还会产生移位或破损，已较少采用。

图 4-127　塞口窗洞构造

② 塞框法　塞框法又称塞口，是在砌墙时先留出窗洞，以后再安装窗框。为了加强窗框与墙的联系，砌墙时需在窗洞两侧每隔 500～700mm 砌入一块半砖大小的防腐木砖（窗洞每侧应不少于两块），安装窗框时用长钉或螺钉将窗榿钉在木砖上，见图 4-127。为了施工方便，也可在框子上钉铁脚，再用膨胀螺丝钉在墙上，也还可用膨胀螺丝直接把框子钉于墙上。这种安装方法的优点是墙体施工与窗框安装分开进行，避免相互干扰，与墙的连接较为紧密；缺点是窗框与墙体之间缝隙较大，施工时洞口尺寸要留准确。

（2）窗框与墙的关系

塞框法的窗框每边应比窗洞小 10～20mm，窗框与墙之间的缝需进行处理。为了抗风雨，外侧须用砂浆嵌缝、钉压缝条、采用油膏嵌缝或贴脸板盖缝。寒冷地区，为了保温和防止灌风，窗框与墙之间的缝应用纤维或毡类等填塞。为减少窗框靠墙一面受潮变形，常在窗框外侧开槽，并做防腐处理，以减小木材伸缩变形造成的裂缝。同时，为使墙面粉刷能与窗框嵌牢，常在窗框靠墙一侧内外两角做灰口，见图 4-128（a）、（b）。窗框与墙面内平者需做贴脸，窗框小于墙厚者，还可做筒子板，见图 4-128（c）、（d）。

图 4-128　窗框的墙缝处理

（3）窗框与窗扇的关系

一般窗扇都用铰链固定在窗框上，窗扇与窗框之间既要开启方便，又要关闭紧密。通常在窗框上做铲口，深约 10～12mm，也有钉小木条形成铲口以减少对窗樘木料的削弱，见图 4-129（a）、（b）。为了提高防风雨能力，可在窗樘留槽，形成空腔的回风槽，对减弱风压、防止毛细流动均有一定的效果，见图 4-129（c）、（d）。也可适当提高铲口深度（约 15mm），或在铲口处钉镶密封条，见图 4-129（e）。

图 4-129　窗框与窗扇间铲口处理方式

3. 窗扇

（1）窗扇的组成

玻璃窗的窗扇一般由上下冒头和左右边挺榫接而成，中间还设窗芯。两扇窗接缝处为加强密闭性，一般做高低缝盖口，必要时可在一面或两面加钉盖缝条。

（2）双层窗

双层窗通常用于保温、隔声要求的建筑。根据窗扇和窗框的构造不同通常分为子母窗扇、内外开窗扇、大小扇双层内开窗和中空玻璃窗等，见图 4-130。

图 4-130　双层窗断面形式

中空玻璃窗是双层玻璃中空 5～15mm，装在一个窗扇上，也称单框双玻璃，见图 4-131。两层玻璃间通过设置夹条以保持间距。中空玻璃一般不易密封，上下须做有透气孔。如改用密封玻璃，四周用边料黏结，并采用专用的气密性黏结剂密封，形成中空玻璃，玻璃层间充以干燥空气或惰性气体，以免产生凝结水及进入灰尘，对保温隔声都有一定效果。

图 4-131　单层框双层中空玻璃窗

三、平开木门的构造

1. 门的组成

门主要由门樘（又称门框）、门扇、腰头窗和五金零件等部分组成，见图 4-132。门扇通常有玻璃门、镶板门、夹板门、百叶门和纱门等。腰头窗又称亮子，在门的上方供通风辅助采光用。门樘是门扇及腰头窗与墙洞的连系构件，有时还有贴脸或筒子板等装修构件。五金零件多式多样，通常有铰链、门锁、插销、风钩、拉手、停门器等。

图 4-132 门的构造

2. 平开门构造

(1) 门框

门框一般由两根边挺和上槛组成，有腰窗的门还有中横档，多扇门还有中竖挺，有特殊要求的门还有下槛，可作防风、隔尘、挡水以及保温、隔声之用。

门框与墙的结合位置，一般都做在开门方向的一边与抹框铲口内，并做贴脸木条盖缝，见图 4-132。为了避免木条挠曲，在木条背后应开槽。贴脸木条与地板踢脚线收头处，一般做有比贴脸木条放大的木块，称为门蹬。

(2) 门扇

常用于民用建筑的平开木门门扇有镶板门、夹板门等。

① 镶板门 门扇边框内安装门芯板者一般称镶板门。其主要骨架由上下冒头和两根边挺组成框子，在其中镶嵌门芯板，见图 4-133。有时由于尺寸限制，中间还加几条横冒头或竖向中挺。

门芯板可用木板拼装成整块，镶入边框。板缝要结合紧密，一般为平缝胶结，如能做高低缝或企口缝接合则可免缝隙露明，见图 4-134 (a)。门芯板在门框的镶嵌结合可用暗

图 4-133 镶板门构造　　　图 4-134 门芯板镶嵌结合构造

槽、单面槽以及双边压条等构造形式，见图 4-134（b）。门芯板换成玻璃，则为玻璃门，玻璃在门窗上的镶嵌做法，见图 4-134（c）。

② 夹板门 指中间为轻型骨架双面贴薄板的门。这种门用料省，自重轻，外形简洁，便于工业化生产。一般广泛适用于房屋的内门。

夹板门的面板一般为胶合板、硬质纤维板或塑料板，用胶结材料双面胶结。夹板门的四周一般采用木条镶边，较为整齐美观。夹板门的构造见图 4-135。根据使用功能的需要，夹板门有时镶玻璃及百叶，一般在镶玻璃及百叶处，均做一小框子，玻璃两边还要做压条。

(3) 弹簧门

弹簧门是用普通镶板门或夹板门装有弹簧铰链，开启后能自动关闭的门。常用的弹簧铰链有单面弹簧、双面弹簧、地弹簧等数种。为避免人流出入碰撞，一般弹簧门上需装设玻璃。为了避免门扇碰撞和缝隙过大，通常上下冒头做平缝，边框做弧形断面，见图 4-136。

图 4-135 夹板门的构造　　　　图 4-136 弹簧门构造

四、其他材料的门窗

1. 铝合金门窗

铝合金门窗质轻高强，具有良好的气密性，对有隔声、保温、隔热、防尘等特殊要求建筑环境地区的建筑尤为适用。

常用的铝合金门窗有推拉门窗、平开门窗、固定门窗等。

铝合金门窗的施工方式是塞口。铝合金推拉窗断面见图 4-137，窗框外侧用螺钉固定着钢质锚固件，安装时与墙、柱中的预埋件焊接或铆接，最后填入砂浆或其他密封材料密固。铝合金门窗根据玻璃面积大小和抗风等强度要求及隔声、遮光、热工等要求，可选用3～8mm 厚度的平板玻璃、镀膜玻璃、钢化玻璃或中空玻璃，用橡胶压条密封固定。活动窗扇四周都有橡胶密封条与固定框保持密闭，并避免金属框料之间相互碰撞。

铝合金材料热导率大，为改善铝合金门窗的热工性能，可采用塑料绝缘夹层的复合材料门窗，见图4-138。

图 4-137 铝合金推拉窗构造   图 4-138 内夹塑料绝缘材料的铝合金窗断面

2. 塑料门窗

塑料门窗具有质轻、耐水、耐腐蚀、阻燃、抗冲击、美观新颖等优点，保温隔热性能比铝合金门窗好。

普通塑料门窗的刚度较差，弯曲变形较大，因此尺寸较大或承受风压较大的塑料门窗，需在塑料型材中衬加强筋来提高门窗的刚度，见图4-139。

图 4-139 塑料窗的构造

由于塑料门窗变形较大，传统的用水泥砂浆等刚性材料填封墙与窗框缝隙的做法不宜采用，最好采用矿棉或泡沫塑料等软质材料，再用密封胶封缝，以提高塑料门窗的密封和绝缘性能，并避免塑料门窗变形造成的开裂。

第七节　变　形　缝

由于温度、地基不均匀沉降以及地震的作用，建筑往往会产生较大的变形，同时在建筑的内部产生附加应力。当这种附加应力大于建筑构件的抵抗能力时，就会在建筑结构薄弱的部位产生裂缝，轻者影响建筑的正常使用，严重时将会导致建筑破坏，为了使建筑能够具有抵抗以上不利因素的能力，通常采用设置变形缝的构造方法。

变形缝是一种人工构造缝，它包括伸缩缝（温度缝）、沉降缝和防震缝三种。通过在建筑的结构薄弱部位和变形发生的敏感部位设置变形缝，用变形缝把建筑划分成几个在结构和构造上完全独立的单元，进而达到保证建筑正常使用和保护建筑的目的。

一、伸缩缝

1. 伸缩缝的作用

伸缩缝又叫温度缝，是为了防止因环境温度变化引起的变形对建筑的破坏作用而设置的。由于建筑是建造在自然环境中的，温度的变化对建筑必然会产生直接的影响，即热胀冷缩现象。一般来说，建筑的长度越大，环境温差越大，积累的变形就越多。变形是产生内力的主要原因，一般在建筑的中段积累得较多。当变形引起的内力超过建筑某些部位（如建筑的薄弱部位及设置门窗的部位）构件能够抵抗内力的能力时，将会在这些部位产生不规则的裂缝，这将影响建筑的正常使用。为了避免这种现象的发生，往往通过设置伸缩缝的办法来设防。

2. 伸缩缝的设置原则

伸缩缝的设置原则主要有以下几点：

① 为了使伸缩缝两侧建筑的变形相对均衡，伸缩缝一般应设置在建筑中段，当建筑设置几道伸缩缝时，应当使各温度区的长度尽量均衡。

② 以伸缩缝为界，把建筑分成在结构和构造上完全独立的两个单元。屋顶、楼板、墙体和梁柱要完全各自独立。由于基础埋置在地下，基本不受气温变化的影响。因此仍然可以连在一起。

③ 伸缩缝应尽量设置在横墙对应部位，并采用双横墙双轴线的布置方案，这样可以较好地解决伸缩缝的构造问题，并把伸缩缝对建筑内部空间的影响削减到最小。

我国对伸缩缝的设置有具体的规定，可以查找相关的规范。

3. 影响伸缩缝间距的因素

(1) 建筑的结构形式的影响

由于整体性好的建筑在发生变形时容易在局部形成集中应力，因此伸缩缝的间距较小；整体性较差的建筑在发生变形时可以把变形及应力分散到各个构件之中，不易形成集中应力，因此伸缩缝的间距反而较大。

（2）建筑的保温及采暖情况的影响

采暖建筑在寒冷季节只有外围结构能够明显地感受到温度的变化，而内部的构件一年四季感受的温差变化较小，因此伸缩缝的间距较大；不采暖建筑地上部分的全部构件均要受到温度变化的影响，因此伸缩缝的间距较小。

4. 伸缩缝的构造

为了使伸缩缝能够正常地工作，并为解决建筑的构造问题留有较好的基础条件，伸缩缝的宽度一般为 20～30mm。

（1）墙体伸缩缝的构造

墙体伸缩缝构造主要是解决伸缩部位的密闭和热工问题，对防水的要求不高，伸缩缝的缝型主要有平缝、错口缝和企口缝三种，如图 4-140 所示。平缝适应四季温差不大的地区，错口缝和企口缝适应温差较大的地区。

图 4-140 伸缩缝的缝型

为了提高伸缩缝的密闭和美观程度，通常在缝口填塞保温及防水性能好的弹性材料（沥青麻丝、木丝板、橡胶条、聚苯板和油膏）。外墙外面的缝口一般要用薄金属板或油膏进行盖缝处理，内腔的缝口一般要用装饰效果较好的木条或金属条盖缝，墙体伸缩缝构造举例如图 4-141 所示。

图 4-141 墙体伸缩缝构造

（2）楼地面伸缩缝的构造

伸缩缝在楼地面处的构造主要是解决地面防水和顶棚的装饰问题，缝内也要采用弹性材料做嵌固处理。地面的缝口一般应当用金属、橡胶或塑料压条盖缝，顶棚的缝口一般要用木条、金属压条或塑料压条盖缝。由于伸缩缝处的楼地面也要保证平整、顺畅，因此伸缩缝应当尽量避开在使用时地面可能有水的房间。

(3) 屋面伸缩缝的构造

屋面伸缩缝构造主要是解决防水和保温的问题，对美观的要求较低。屋面的伸缩缝宜设在屋面标高相同的部位或建筑的高低错层之处，以便于防水的处理。伸缩缝在屋面的构造重点是解决好防水和泛水，其构造与屋面的防水构造类似。屋面伸缩缝构造举例如图4-142所示。

图 4-142　屋面伸缩缝构造

二、沉降缝

1. 沉降缝的作用

沉降缝是为了防止由于不均匀沉降引起的变形对建筑带来的破坏作用而设置的。导致建筑发生不均匀沉降的因素主要有地基的土质及承载力不均匀、建筑的层数（高度）相差较大、建筑各部位的荷载差异较大、建筑的结构形式不同以及同一幢建筑的施工时间相隔较长等。不均匀沉降的存在，将会在建筑构件的内部产生剪切应力，当这种剪切应力大于建筑构件的抵抗能力时，会在不均匀沉降发生的界面产生裂缝，并对建筑的正常使用安全带来影响。在适当的部位设置沉降缝，可以有效地避免不均匀沉降对建筑带来的破坏作用。沉降缝的设置位置如图4-143所示。

图 4-143　沉降缝的设置位置示意图

2. 沉降缝的设置原则

沉降缝的设置原则主要有以下几点：

① 建筑下部的地基条件差异较大或基础形式不同时；

② 同一幢建筑相邻部分高差或荷载差异较大时；

③ 同一幢建筑采用不同的结构形式时；

④ 同一幢建筑的施工时期间隔较长时；

⑤ 建筑的长度较大或体型复杂，而且连接部位又比较单薄时。

3. 沉降缝与伸缩缝构造的区别

由于沉降缝主要是为了解决建筑的竖向沉降问题，因此要用沉降缝把建筑分成在结构和构造上完全独立的若干个单元。除了屋顶、楼板、墙体和梁柱在结构与构造上要完全独立之外，基础也要完全独立，这也是沉降缝与伸缩缝在构造上最根本的区别之一。由于沉降缝在构造上已经完全具备了伸缩缝的特点，因此沉降缝可以代替伸缩缝发挥作用，反之则不行。

4. 沉降缝的构造

沉降缝的宽度与地基的性质、建筑预期沉降量的大小以及建筑高低分界处的共同高度（即沉降缝的高度）有关。地基越软弱，建筑的预期沉降量越大，沉降缝的宽度也就越大，一般不小于 30mm。沉降缝嵌缝材料的选择及施工方式与伸缩缝的构造基本相同，盖缝材料也与伸缩缝相同。但由于沉降缝主要是为了解决建筑的竖向变形问题，因此在盖缝材料固定方面与沉降缝有较大的不同，要为沉降缝两侧建筑的沉降留有足够的自由度，还要考虑维修的需要。

三、防震缝

地震与火灾一起，构成了对建筑产生破坏作用的主要自然因素之一。从地质的角度看，我国有许多地域属于地震活动活跃的地质构造带，因此建筑的防震就显得十分必要。地震对建筑产生直接影响的是地震的烈度，我国把地震的设防烈度分成 1～12 度，其中设防裂度为 1～5 度地区的建筑不必考虑地震的影响，6～9 度地区的建筑要有相应的防震措施，10 度以上地区不适宜建造建筑或制定专门的抗震方案之后才能进行建筑的设计和施工。

1. 防震缝的作用

防震缝是为了提高建筑的抗震能力，避免或减少地震对建筑的破坏作用而设置的一种构造措施，也是目前行之有效的建筑防震措施之一。防震缝的设置位置如图 4-144 所示。

图 4-144 防震缝的设置位置示意图

2. 防震缝的设置原则

地震设防烈度为 6～9 度的地区，有下列情况之一时建筑要设置防震缝：

① 同一幢或毗邻建筑的立面高差在 6cm 以上时；

② 建筑的内部有错层而且错层的楼板高差较大时；

③ 建筑相邻各部分的结构刚度、质量差异较大时。

由于设置防震缝会给建筑的造价、构造和使用带来相当的麻烦，因此应当通过对建筑的布局和结构方案的调整和选择，使建筑的各个部位形成简单、质量和刚度相对均匀的独立单元，提高建筑的抗震能力，尽量不设置防震缝。

3. 防震缝的构造

在地震发生时，建筑顶部受地震的影响较大，而建筑的底部受地震的影响较小，因此防震缝的基础一般不需要断开。

在实际工程中，往往把防震缝与沉降缝、伸缩缝统一布置，即"三缝合一"，以使结构和构造的问题一并解决。

第五章

建筑施工图

第一节 建筑施工图的组成及内容

一、房屋的组成及作用

　　房屋建筑根据使用功能和使用对象的不同分为很多种类，一般可归纳为民用建筑和工业建筑两大类。各种建筑物，虽然使用要求、空间组合、外形、规模等各不相同，但其组成部分大致相同。见图 5-1，自下而上第一层称为底层或首层，最上一层称为顶层。首层和顶层之间的若干层可依次称为二层、三层、……或标准层，也可称为中间层。房屋是由许多构件、配件和装修构造组成的，从图 5-1 可知它们的名称和位置，一般包括基础、墙（或柱）、楼（地）面、楼梯、屋顶、门窗六部分。此外，还有台阶（坡道）、雨篷、阳台、栏杆、明沟（散水）、水管、电气以及粉刷、装饰等。

图 5-1　房屋的组成

① 基础是房屋最下部的承重构件。它承受着房屋的全部荷载，并将这些荷载传给地基。

② 基础上面是墙，包括外墙和内墙，它们共同承受着由屋顶和楼面传来的荷载，并传给基础。同时，外墙还起着维护作用，抵御自然界各种因素对室内的侵袭，而内墙具有分隔空间，组成各种用途的房间的作用。外墙与室外地面接近的部位称为勒脚，为保护墙身不受雨水浸蚀，常在勒脚处将墙体加厚并外抹水泥砂浆。

③ 楼面、地面是房屋建筑中水平方向的承重构件，除承受家具、设备和人体荷载及其本身重量外，同时，它还对墙身起水平支撑作用。

④ 楼梯是房屋的垂直交通设施，供人们上下楼层、运输货物或紧急疏散之用。

⑤ 屋顶是房屋最上层起覆盖作用的外围护构件，借以抵抗雨雪，避免日晒等自然界的影响。屋顶由屋面层和结构层组成。

⑥ 窗的作用是采光、通风与围护。楼梯、走廊、门和台阶在房屋中起着沟通内外、上下交通的作用。此外，还有挑檐、雨水管、散水、烟道、通风道、排水、排烟等设施。

二、施工图的产生

房屋的建造一般需经过设计和施工两个过程。设计工作一般又分为两个阶段：初步设计和施工图设计。对一些技术上复杂而又缺乏设计经验的工程，还增加了技术设计，又称扩大初步设计。

① 初步设计　设计人员根据设计单位的要求，收集资料、调查研究，经过多方案比较作出初步方案图。初步设计的内容包括总平面布置图，建筑平、立、剖面图，设计说明，相关技术和经济指标等。初步方案图需按一定比例绘制，并送交有关部门审批。

② 技术设计　在已审定的初步设计方案的基础上，进一步解决构件的选型、布置、各工种之间的配合等技术问题，统一各工种之间的矛盾，进行深入的技术经济分析以及必要的数据处理等。绘制出技术设计图，大型、重要建筑物的技术设计图也应报相关部门审批。

③ 施工图设计　施工图设计主要是将已经批准的技术设计图按照施工的要求予以具体化。为施工安装、编制施工预算、安排材料、设备和非标准构配件的制作提供完整、正确的图纸依据。

三、施工图的分类

施工图一般按工种分类，根据施工图的内容和作用的不同分为建筑施工图、结构施工图和设备施工图。

① 建筑施工图　建筑施工图简称建施，主要表达建筑物的规划位置、内部布置情况、外部形状、内外装修、构造、施工要求等。建筑施工图主要包括图纸目录、设计总说明、总平面图、平面图、立面图、剖面图和详图等。

② 结构施工图　结构施工图简称结施，是根据建筑设计的要求，主要表达建筑物中承重结构的布置、构件类型、材料组成、构造作法等。结构施工图主要包括结构设计说明、基础施工图、结构平面布置图、各种构件详图等。

③ 设备施工图　设备施工图简称设施，主要表达建筑物的给水排水、采暖、通风、电气照明等设备的布置和施工要求等。设备施工图主要包括各种设备的平面图、系统图和详图。

四、图纸的编排顺序

一项工程中各工种图纸的编排一般是全局性图纸在前，说明局部的图纸在后；先施工的在前，后施工的在后；重要的图纸在前，次要的图纸在后。一般顺序为：图纸目录、设计总说明、总平面图、建筑施工图、结构施工图、设备施工图（顺序为水、暖、电）。

① 图纸目录　先列新绘的图纸，后列所选用的标准图纸或重复利用的图纸。包括图纸的目录、类别、名称与图号等，目的是便于查找图纸。

② 设计总说明　设计总说明即首页，包括：施工图的设计依据；本项目的设计规模和建筑面积；本项目的相对标高与绝对标高的对应关系；室内室外的用料说明；门窗表等。

③ 建筑施工图　主要表示建筑的总体布局。包括总平面图、平面图、立面图、剖面图和构造详图等。

④ 结构施工图　包括结构平面布置图和各构件的结构详图等。

⑤ 设备施工图　包括给水排水、采暖通风、电气等设备的布置平面图和详图等。

本书主要介绍结构施工图的识图。

五、建筑施工图的图示特点

① 采用正投影法绘制　通常，在 H 面上作平面图，在 V 面作正、背立面图，在 W 面上作剖面图和侧立面图。在图幅大小允许的条件下，可将平、立、剖面三个图样按投影关系画在同一张图纸上，便于阅读。如果限于图幅，平、立、剖也可分别单独画在几张图纸上，这时，应对所绘图纸依次连续编号。

② 用比例绘制　建筑物形体很大，绘图时需按比例缩小。为了反映建筑物的细部构造及具体作法，常配以较大比例的详图，并以文字和符号加以说明。

③ 用图例、符号绘制　由于房屋的构、配件和材料种类较多，为作图简便，常采用"国标"规定的一系列的图形符号表示。

④ 用标准图集绘制　施工图中，许多构配件已有标准定型设计，并有标准设计图集参考。因此，凡采用标准定型设计之处，只要标出标准图集的编号、图号即可。

六、识图应注意的几个问题

① 施工图是根据正投影原理绘制的，用图纸的形式表达房屋建筑的设计及构造作法。因此要想读懂图一定要掌握投影的原理及图样的绘制原理，还应熟悉房屋建筑的基本构造。

② 看图时必须由大到小、由粗到细。先粗看一遍，了解工程的概貌，然后再仔细看。细看时应仔细阅读说明或附注，凡是图样上无法表示而又直接与工程有关的一些要求，往往在图纸上以文字说明的形式表达出来。这些是非看不可的，会告诉我们很多情况。一般

应先看总说明和基本图纸，后看详图。

③ 牢记常用的符号和图例。为了方便和清楚，图样中很多内容用符号和图例表示，为了快速、准确读懂图，一般常用的符号必须牢记。因为这些符号已成为设计人员和施工人员的共同语言，对于不常用的符号，有时在图纸上附有解释，可以在看图前先行查看。

④ 注意尺寸单位。图样上的尺寸单位有两种，标高和总平面图以"米（m）"为单位，其余以"毫米（mm）"为单位，图样中尺寸数字后面一律不注写单位，且标注的尺寸为实际大小。

⑤ 不要随意修改图纸。如果对设计图有修改意见或其他合理性建议，应向有关人员提出，并与设计单位协商解决。

⑥ 结合实际，有联系地、综合地看图。图纸的绘制一般是按照施工过程中不同的工种、工序进行的，看图时应联系生产实际，以达到事半功倍的效果。

七、建筑施工图的有关规定

1. 定位轴线

(1) 含义和作用

为了建筑工业化，在建筑平面图中，采用轴线网格划分平面，使房屋的平面构件和配件趋于统一，这些轴线称为定位轴线。定位轴线是确定房屋主要承重构件（墙、柱、梁）位置及标注尺寸的基线。因此，在施工中凡承重墙、梁、柱、屋架等主要承重构件的位置处均应画定位轴线，并进行编号，以作为设计与施工放线的依据。

(2) 画法和编号

① 定位轴线采用细单点画线表示。轴线编号注写在轴线一端的细实线圆内，圆的直径为 8～10mm，定位轴线的圆心应在定位轴线的延长线上或延长线的折线上。

② "国标"规定：水平方向的轴线自左至右用阿拉伯数字依次连续编为①、②、③、…；竖直方向自下而上用大写拉丁字母依次连续编为Ⓐ、Ⓑ、Ⓒ、…，并排除 I、O、Z 三个字母，以免与阿拉伯数字中的 0、1、2 三个数字混淆，见图 5-2。

图 5-2 定位轴线的编号顺序

如果字母数量不够使用，可增用双字母或单字母加数字注脚，如 AA、BB、CC、…、WW 或 A_1、B_1、C_1、…、W_1。

③ 如建筑平面形状较特殊，也可采用分区编号的形式来编注轴线，其方式为"分区号-该区轴线号"，见图 5-3。

图 5-3　轴线分区标注方法

④ 一个详图适用于几根轴线时，应同时注明各有关轴线的编号，见图 5-4。

图 5-4　详图的轴线编号

⑤ 如平面为折线型，定位轴线的编号也可用分区编注，亦可以自左至右依次编注，见图 5-5。

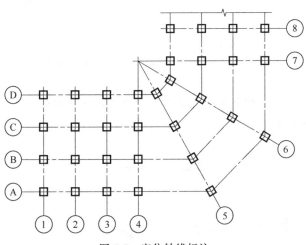

图 5-5　定位轴线标注

⑥ 如为圆形平面，定位轴线则应以圆心为准成放射状依次编注，并以距圆心距离决

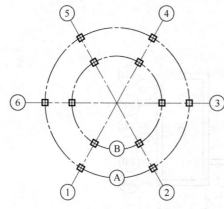

图 5-6　圆形平面定位轴线标注

定其另一方向轴线位置及编号，见图 5-6。

⑦ 一般承重墙柱及外墙等编为主轴线，非承重墙、隔墙等编为附加轴线（又称为分轴线）。附加轴线的编号应以分数表示，并按以下规定编写，见图 5-7。

a. 两根轴线之间的附加轴线，应以分母表示前一根轴线的编号，分子表示附加轴线的编号，该编号宜用阿拉伯数字顺序编写，如：

$\dfrac{1}{2}$ 表示 2 号轴线后附加的第 1 根轴线；

$\dfrac{2}{C}$ 表示 C 号轴线后附加的第 2 根轴线。

横墙主轴线	纵墙主轴线	2 号主轴线后附加的第 1 根轴线	B 号主轴线后附加的第 3 根轴线	1 号主轴线前附加的第 1 根轴线	A 号主轴线前附加的第 3 根轴线
(a)	(b)	(c)	(d)	(e)	(f)

图 5-7　轴线标注

b. 1 号轴线或 A 号轴线之前的附加轴线分母应以 01、0A 表示，如：

$\dfrac{1}{01}$ 表示 1 号轴线前附加的第 1 根轴线；

$\dfrac{2}{0A}$ 表示 A 号轴线前附加的第 2 根轴线。

⑧ 通用详图的定位轴线，只画轴线圆，不注写轴线编号，见图 5-8。

2. 标高

建筑物的某一部位与确定的水准基点的距离，称为该部位的标高。标高有绝对标高和相对标高两种。

（1）绝对标高（又称海拔高度）

以我国青岛附近黄海的平均海平面为零点，全国各地的标高均以此为基准。

（2）相对标高

以建筑物首层室内主要房间的地面为零点，建筑物某处的标高均以此为基准。每个个体建筑物都有本身的相对标高。

（3）表示方法

标高符号常用高度为 3mm 的等腰直角三角形表示，见图 5-9。其中室外整平标高采

图 5-8　通用详图定位轴线　　　　　图 5-9　标高符号

用全部涂黑的 45°等腰直角三角形"▼"表示，大小形状同标高符号。标高单位为"米"，标到小数点后三位，在总平面图中，可以标到小数点后两位。

标高符号的尖端应指至被注高度的位置。尖端一般应向下，也可向上。标高数字应注写在标高符号的左侧或右侧，见图 5-10。

标高有零和正负之分，零点标高应注写成±0.000，正数标高可不注"＋"，负数标高应注"－"，例如 3.000、－0.600 等。

在图样的同一位置需表示几个不同的标高时，标高数字可按图 5-11 的形式注写。

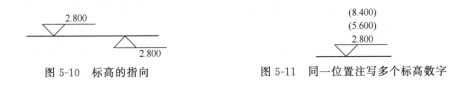

图 5-10　标高的指向　　　　　　图 5-11　同一位置注写多个标高数字

3. 详图索引标志和详图标志

为了便于看图，常采用详图标志和索引标志。详图索引标志（又称索引符号）表示建筑平、立、剖面图中某个部位需另画详图表示，故详图索引标志是标注在需要出详图的位置附近，并用引出线引出；详图标志（又称详图符号）画在详图的下方。

(1) 详图索引标志

如图 5-12 所示为详图索引标志。其水平直径线及符号圆圈均以细实线绘制，圆的直径为 8～10mm，水平直径线将圆分为上下两半，上方注写出详图编号，下方注写出详图所在图纸编号，如图 5-12（c）所示。如详图绘在本张图纸上，则仅用细实线在索引标志的下半圆内画一段水平细实线即可，如图 5-12（b）所示。如索引的详图是采用标准图，应在索引标志水平直径延长线上加注标准图集的编号，如图 5-12（d）所示。

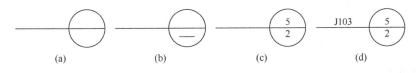

(a)　　　　　(b)　　　　　(c)　　　　　(d)

图 5-12　详图索引标志

如图 5-13 所示为用于索引剖面详图的索引标志。应在被剖切的部位绘制剖切位置线，并以引出线引出索引标志。引出线所在的一侧应视为剖视方向。

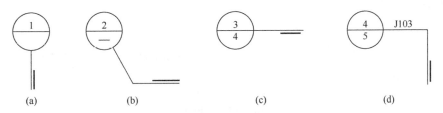

(a)　　　　　(b)　　　　　(c)　　　　　(d)

图 5-13　用于索引剖面详图的索引标志

(2) 详图标志

详图的位置和编号，应用详图标志表示。详图标志应以粗实线绘制，直径为

14mm，见图 5-14（a）。详图与被索引的图样同在一张图纸内时，应在详图标志内用阿拉伯数字注明详图的编号。详图与被索引的图样，如不在同一张图纸内时，也可以用细实线在详图标志内画一水平直径，上半圆中注明详图编号，下半圆内注明被索引图的图纸编号，见图 5-14（b）。

4. 其他符号

(1) 指北针和风向频率玫瑰图

① 指北针是用于表示建筑物方向的。指北针应按"国标"规定绘制，见图 5-15，其圆用细实线，直径为 24mm；指针尾部宽度为 3mm，指针头部应注"北"或"N"字。如需用较大直径绘制指北针时，指针尾部宽度宜为直径的 1/8。

② 风向频率玫瑰图简称风玫瑰图，是总平面图上用来表示该地区常年风向频率的标志。风向频率玫瑰图在 8 个或 16 个方位线上用端点与中心的距离，代表当地这一风向在一年中发生次数的多少，粗实线表示全年风向，细虚线范围表示夏季风向。风向由各方位吹向中心，风向线最长者为主导风向，见图 5-16。

图 5-14　详图标志

图 5-15　指北针

图 5-16　风向频率玫瑰图

(2) 引出线

① 引出线应以细实线绘制，宜采用水平方向的直线，与水平方向成 30°、45°、60°、90°的直线，或经上述角度再折为水平的折线。文字说明宜注写在引出线横线的上方，见图 5-17（a），也可注写在水平线的端部，见图 5-17（b）。索引详图的引出线，宜与水平直径线相连接，见图 5-17（c）。

图 5-17　引出线

② 同时引出几个相同部分的引出线，宜互相平行，见图 5-18（a），也可以画成集中一点的放射线，见图 5-18（b）。

图 5-18 共用引出线

③ 多层次构造用分层说明的方法标注其构造做法。多层次构造的共用引出线应通过被引出的各层。文字说明宜用 5 号或 7 号字注写出在横线的上方或横线的端部，说明的顺序由上至下，并应与被说明的层次相互一致。如层次为横向排列，则由上至下的说明顺序应与由左至右的层次相互一致，如图 5-19 所示。

图 5-19 多层次构造引出线

第二节 图纸目录和设计说明

一、图纸目录

当拿到一套图纸后，首先要查看图纸的目录。图纸的目录可以帮助人们了解图纸的张数、图纸专业类别以及每张图纸要表达的内容，可以使人们快速地找到所需要的图纸。图纸目录有时也称"首页图"，就是第一张图纸。表 5-1 为某单位住宅楼的图纸目录，从中可以了解到下列资料：

设计单位：×××建筑设计研究院

建设单位：×××公司

工程名称：×××住宅楼

工程编号：0104

工程编号是设计单位为了便于存档和查阅图纸而采取的一种管理方法。不同的单位可根据自己的实际情况编号。

图纸编号和名称：序号由 1 到 19，名称见表 5-1 "图名"。

表 5-1 图纸目录

××× 建筑设计研究院		图 纸 目 录		专业	建筑	设计阶段	建施
	建设单位		×××公司	工程编号	0104	××年××月	
	工程名称		×××住宅楼	校对		第 1 页	
				编制		共 1 页	
序号	图 号	图 名		张数	折 A1 圈	备 注	
1	J(施)-01	总平面位置图 设计说明		1	1.00		
2	J(施)-02	一层平面图		1	1.00		
3	J(施)-03	标准层平面图		1	1.00		
4	J(施)-04	①—㉓轴立面图		1	1.00		
5	J(施)-05	㉓—①轴立面图		1	1.00		
6	J(施)-06	Ⓐ—Ⓟ轴立面图		1	1.00		
7	J(施)-07	Ⓟ—Ⓐ轴立面图		1	1.00		
8	J(施)-08	1—1 剖面图		1	0.50		
9	J(施)-09	屋面排水平面图		1	1.00		
10	J(施)-10	A 单元平面详图		1	1.00		
11	J(施)-11	B 单元平面详图		1	1.00		
12	J(施)-12	C 单元平面详图		1	1.00		
13	J(施)-13	D 单元平面详图		1	1.00		
14	J(施)-14	1♯楼梯平面详图		1	1.00		
15	J(施)-15	2♯楼梯平面详图		1	1.00		
16	J(施)-16	3♯楼梯平面详图		1	1.00		
17	J(施)-17	墙身大样图		1	0.75		
18	J(施)-18	立面节点详图		1	0.50		
19	J(施)-19	门窗表 门窗详图		1	0.75		
注册工程设计师			注册建筑师				
签字			签字				

其中：复用图 张（折 1 号图 张） 合计 19 张（折 A1 图 17.50 张）

每一项工程都会有很多张图纸，在同一张图纸上又会有很多图形。设计人员为了表达和查阅的方便，必须对图纸命名，再用数字编号，以确定图纸的顺序。见表 5-1 所列，本设计共有建筑施工图 19 张，每张折合成 A1 号图的数量，总折合量为 17.5 张。

目前关于图纸目录国家标准尚没有统一的格式，各设计单位根据自己的实际情况规定，但总体上应包括以上内容。

二、设计说明

凡是图样上无法表示而又直接与工程质量有关的一些要求，往往在图纸上用文字说明表达出来。设计说明主要内容有：设计依据、工程概述、尺寸单位、构造及装修说明以及设计人员对施工单位的要求等。

设计说明

一、设计依据：

1. 中华人民共和国《建筑设计防火规范》（GB 50016—2014）（2018 年版）。

2.《住宅设计规范》（GB 50096—2011）。

3. 建设单位提供的审批文件，原始条件，设计意见，建筑测试图，×××市规划部门的审查意见及有关部门批准的初步设计图纸。

二、工程概述：

1. 本工程为×××职工住宅楼，位于×××内。

2. 本工程地上 7 层，无地下室。建筑总高度为 23.05m，一至四层均为住宅。首层地面标高为±0.000，室外地坪标高为 −1.050，层高均为 3m，共四个单元 56 户。

3. 基底面积：1009.09m^2，总建筑面积 7910.29m^2。

4. 建筑耐火等级不低于二级，楼梯及入口疏散宽度均满足要求，梯间内分户门均为乙级防火门。

5. 该工程采用砖混结构，楼板为现浇钢筋混凝土楼板。

三、尺寸单位：

本设计除总图尺寸以米计外，其他尺寸均以毫米为单位，标高以米为单位。

四、构造及装修说明：

1. 墙体：外墙为 490 厚黏土砖，内墙亦为黏土砖墙，砖标号及砂浆标号详见结施。

2. 屋面：做法见龙 J427，其中保温层厚度最薄处不小于 160 厚，并注意在施工中防止雨水浸泡。

3. 防潮：防潮层为 30 厚防水砂浆掺 3%硅质密实剂，设置在±0.00 以下 6mm 处。

4. 室内装修：地面：底层：参见龙 J21-24-Z1，素土夯实后加 100 厚 C10 混凝土垫层。

　　　　　　楼层：参见龙 J21-25-Z5，其中卫生间及厨房地面做防水层，其地面低于同层地面 30，地面找坡，坡向地漏。

　　　　墙面：参见龙 J21-26-Z9A，石灰水改为涂料，厨房、卫生间为水泥砂浆打底贴白色瓷砖到顶。

　　　　天棚：参见龙 J21-26-Z14C，石灰水改为涂料。

　　　　窗：均采用塑钢窗（由甲方选订），阳台为塑钢窗，客厅采用落地式塑钢推拉门窗，且底部比楼地面高出 50，所有外门窗侧壁安装时铺毛毡一层以保温。

　　　　楼梯间：设明踢脚线，楼梯扶手选用木扶手。

五、其他：

1. 所有木构件与墙或混凝土接触，嵌入部分均刷沥青一道防腐，所有金属构件与墙或混凝土接触嵌入部分均刷樟丹防锈。外露铁件均涂防锈漆一道，调和漆两道，颜色同所在墙面颜色。

2. 凡是穿墙，穿楼板的各种管道，都应用水泥砂浆填实严密。

3. 各专业预留孔洞应严格配合各专业图纸进行，施工前土建专业技术人员要与各专业技术人员核对预留孔洞数量、位置、尺寸后方可进行施工，以免事后打洞。

4. 施工时，除严格按施工图纸施工外，请与结构、水、暖、电气各专业密切配合，以保证工程质量。

5. 本工程所有装饰材料均应先取样板或色板，会同设计人员及使用单位商定后订货，施工。

6. 本工程外装修见立面设计，材料选购具体待甲方认定。

7. 图中未详尽之处，须严格按照国家现行工程施工及验收规范执行。

8. 本施工图如有更改设计，需经设计者认定同意后提出设计变更及修改意见。

第三节　建筑总平面图

一、建筑总平面图的内容及用途

总平面图（总平面布置图）是将拟建工程附近一定范围内的新建、拟建、原有和拆除的建筑物、构筑物连同其周围的地形地貌（道路、绿化、土坡、池塘等），用水平投影方法和相应的图例所画出的图样，如图 5-20 所示。

图 5-20　总平面图

总平面图可以反映出上述建筑的形状、位置、朝向以及与周围环境的关系，它是新建筑物施工定位、土方设计以及绘制水、暖、电等管线总平面图和施工总平面图设计的重要依据。

二、总平面图的比例

由于总平面图包括地区较大，国家制图标准（以下简称"国标"）规定：总平面图的比例宜选用 1∶300、1∶500、1∶1000、1∶2000 来绘制。实际工程中，由于国土局以及有关单位提供的地形图常为 1∶500 的比例，故总平面图常用 1∶500 的比例绘制。

三、总平面图图例

由于比例较小，故总平面图上的房屋、道路、桥梁、绿化等都用图例表示。

表 5-2 列出了"国标"规定的总平面图部分图例（图例：以图形规定出的画法称为图例）。在较复杂的总平面图中，如用了一些"国标"上没有的图例，应在图纸的适当位置加以说明。

表 5-2　总平面图常用图例（部分）（GB/T 50103—2010）

名称	图例	备注	名称	图例	备注
新建建筑物	① 12F/2D H=59.00m	新建建筑物以粗实线表示与室外地坪相接处±0.00外墙定位轮廓线 建筑物一般以±0.00高度处的外墙定位轴线交叉点坐标定位。轴线用细实线表示，并标明轴线号 根据不同设计阶段标注建筑编号，地上、地下层数，建筑高度，建筑出入口位置（两种表示方法均可，但同一图纸采用一种表示方法） 地下建筑物以粗虚线表示其轮廓 建筑上部（±0.00以上）外挑建筑用细实线表示 建筑物上部连廊用细虚线表示并标注位置	台阶及无障碍坡道	1. 2.	1. 表示台阶（级数仅为示意） 2. 表示无障碍坡道
			坐标	1. X=105.00 Y=425.00 2. A=105.00 B=425.00	1. 表示地形测量坐标系 2. 表示自设坐标系 坐标数字平行于建筑标注
			填挖边坡		—
			室内地坪标高	151.00 (±0.00)	数字平行于建筑物书写
			室外地坪标高	143.00	室外标高也可采用等高线
原有建筑物		用细实线表示	新建的道路	R=6.00 107.50	"R=6.00"表示道路转弯半径；"107.50"为道路中心线交叉点设计标高，两种表示方法均可，同一图纸采用一种方式表示；"100.00"为变坡点之间距离，"0.30%"表示道路坡度，→表示坡向
计划扩建的预留地或建筑物		用中粗虚线表示			
拆除的建筑物		用细实线表示	原有道路		
建筑物下面的通道		—	计划扩建的道路		
铺砌场地		—	拆除的道路		
围墙及大门		—	草坪		
挡土墙	5.00 1.50	挡土墙根据不同设计阶段的需要标注 墙顶标高 墙底标高			

四、总平面图的图示内容

总图应按上北下南方向绘制。根据场地形状或布局，可向左或右偏转，但不宜超过45°。总图中应绘制指北针或风玫瑰图，如图 5-20 所示。

图 5-21 坐标网格

注：图中 X 为南北方向轴线，X 的增量在 X 轴线上；
Y 为东西方向轴线，Y 的增量在 Y 轴线上。
A 轴相当于测量坐标网中的 X 轴，
B 轴相当于测量坐标网中的 Y 轴。

1. 拟建建筑的定位

总平面图常画在有等高线和坐标网格的地形图上。地形图上的坐标称为测量坐标，是与地形图相同比例画出的 50m×50m 或 100m×100m 的方格网，此方格网的竖轴用 X，横轴用 Y 表示。一般房屋的定位应注其三个角的坐标，如建筑物、构筑物的外墙与坐标轴线平行，可标注其对角坐标，如图 5-21 所示。当房屋的两个主向与测量坐标网不平行时，为方便施工，通常采用建筑坐标网定位。其方法是在图中选用某一适当位置为坐标原点，以竖直方向为 A 轴，水平方向为 B 轴，同样以 50m×50m 或 100m×100m 进行分格，即为建筑坐标网。

坐标网格应以细实线表示。测量坐标网应画成交叉十字线；建筑坐标网应画成网格通线。

在一张图上，主要建筑物、构筑物用坐标定位时，较小的建筑物、构筑物也可用相对尺寸定位。

如图 5-20 所示的新建住宅，两个墙角的坐标为 $\dfrac{A=340.02}{B=442.77}$、$\dfrac{A=325.78}{B=464.81}$。可知建筑的总长为 464.81−442.77=22.04（m），总宽为 340.02−352.78=14.24（m）。

2. 拟建建筑、原有建筑物位置、形状

在总平面图上将建筑物分成五种情况，即新建建筑物、原有建筑物、计划扩建的预留地或建筑物、拆除的建筑物和新建的地下建筑物或构筑物。建筑物外形一般以±0.00 高度处的外墙定位轴线或外墙面线为准。

3. 其他内容

建筑总平面图中还应包括保留的地形和地物；场地四邻原有及规划的道路、绿化带等的位置；道路、广场的主要坐标（或定位尺寸），停车场及停车位、消防车道及高层建筑消防扑救场地的布置；绿化、景观及休闲设施的布置示意，并表示出护坡、挡土墙、排水沟等。

五、总平面图的线型

总平面图中常用线型见表 5-2 总平面图常用图例备注项。

六、总平面图的标注

在总平面图上应绘出建筑物、构筑物的位置及与各类控制线（区域分界线、用地红线、建筑红线等）的距离，标注新建房屋的总长、总宽及与周围房屋或道路的间距等尺寸。尺寸以米为单位，标注到小数点后两位。

新建房屋的层数在房屋图形右上角上用点数或数字表示，一般低层、多层用点数表示层数，高层用数字表示。如果为群体建筑，也可统一用点数或数字表示。

新建房屋的室内地坪标高为绝对标高（以我国青岛市外黄海的平均海平面为±0.000的标高），这也是相对标高（以某建筑物底层室内地坪为±0.000的标高）的零点。

总平面图上的建筑物、构筑物应注写名称，名称宜直接标注在图上。

七、建筑总平面图的读图顺序

① 看图标、图例、比例和有关的文字说明，对图纸做概括的了解；

② 看图名了解工程性质、用地范围、地形及周边情况；

③ 看新建建筑物的层数、室内外标高，根据坐标了解道路、管线、绿化等情况；

④ 根据指北针和风向频率玫瑰图判断建筑物的朝向及当地常年风向和风速。

八、总平面图看图示例

从图 5-20 所示的某住宅工程的总平面图中可以看出：整个建筑基地比较规整，基地南面与西面为主要交通干道，建筑群体沿红线（规划管理部门用红笔在地形图上画出的用地范围线）布置在基地四周。西、南公路交汇处有一拟建建筑的预留地，办公楼紧挨预留地布置在靠南边干道旁，办公楼东侧二层商场要拆除，新建两栋住宅楼在基地东侧。住宅楼南北朝向，4 层，距南面商场 15.0m，距西面的道路 5.0m，两住宅楼间距 15.0m。住宅楼底层室内整平标高为 281.35m，室外整平标高为 280.90m。整个基地主导风向为北偏西。从图中还可看出基地四周布置建筑，中间为绿化用地、水池、球场等，原有建筑有办公楼、商场、北面的住宅；西南角有拟建建筑的预留地，如果整个工程开工，东南角的商场建筑需拆除。

第四节 建筑平面图

一、建筑平面图的用途

建筑平面图是用以表达房屋建筑的平面形状，房间布置，内外交通联系，以及墙、柱、门窗等构配件的位置、尺寸、材料和做法等内容的图样。建筑平面图简称"平面图"。

平面图是建筑施工图的主要图纸之一，是施工过程中，房屋的定位放线、砌墙、设备安装、装修以及编制概预算、备料等的重要依据。

二、建筑平面图的形成及图名

建筑各层平面图的形成通常是假想用一水平剖切平面经过门窗洞口之间将房屋剖开，移去剖切平面以上的部分，将余下部分用直接正投影法投影到 H 面上得到的正投影图。即平面图实际上是剖切位置位于门窗洞口之间的水平剖面图。一般情况下，房屋的每一层都有相应的平面图。此外，还有屋顶的平面图。即 n 层的房屋就有 $n+1$ 个平面图，并在每个平面图的下方标注相应的图名，如"一层平面图"（或称"底层平面图""首层平面图"），如图 5-22 所示；"二层平面图""三层平面图"等，当房屋中间若干层的平面布局、构造情况完全一致时，则可用一个平面图来表达这相同布局的若干层，称之为标准层平面图，如图 5-23 所示；"顶层平面图"如图 5-24 所示；"屋顶平面图"如图 5-25 所示。图名下方应加画一粗实线，图名右方标注比例。

在同一张图纸上绘制多于一层的平面图时，各层平面图宜按层数由低向高的顺序从左至右或从下至上布置。平面图的方向宜与总图方向一致。平面图的长边宜与横式幅面图纸的长边一致。平面较大的建筑物，可分区绘制平面图，但每张平面图均应绘制组合示意图。

三、建筑平面图的比例

平面图宜选用 1:50、1:100、1:150、1:200 的比例绘制，实际工程中常用 1:100 的比例绘制，如表 5-3 所示。

四、建筑平面图的图示内容

建筑平面图内应包括剖切面及投影方向可见的建筑构造。底层平面图应画出房屋本层相应的水平投影，以及与本栋房屋有关的台阶、花池、散水、垃圾箱等的投影，如图 5-22（b）所示；二层、三层平面图除画出房屋二层范围的投影内容外，还应画出底层平面图无法表达的雨篷、阳台、窗楣等内容，而对于底层平面图上已表达清楚的台阶、花池、散水、垃圾箱等内容就不再画出，如图 5-23（b）所示；顶层的平面图则只需画出本层的投影内容及下一层的窗楣、雨篷等内容，如图 5-24（b）所示；屋顶平面图是用来表达房屋屋顶的形状、女儿墙位置、屋面排水方式、坡度、落水管位置等的图形，如图 5-25（b）所示。

建筑平面图由于比例较小，各层平面图中的卫生间、楼梯间、门窗等投影难以详尽表示，便采用"国标"规定的图例来表达，而相应的详细情况则另用较大比例的详图来表达。具体图例如表 5-4 所示。

五、建筑平面图的线型

建筑平面图的线型，按"国标"规定，被剖切的主要建筑构造（包括构配件）的轮廓线，应用粗实线；被剖切的次要建筑构造（包括构配件）的轮廓线，应用中粗实线。门扇的开启示意线用中实线表示。其余可见投影线则应用中实线或细实线表示。

(a) 形成

底层平面图1:100

(b) 投影

图 5-22 底层（一层、首层）平面图

(a) 形成

二、三层平面图1:100

(b) 投影

图 5-23　二、三层（标准层）平面图

(a) 形成

顶层平面图 1:100

(b) 投影

图 5-24 顶层平面图

(a) 形成

(b) 投影

图 5-25　屋顶平面图

表 5-3　比例（GB/T 50104—2010）

图名	比例
建筑物或构筑物的平面图、立面图、剖面图	1∶50、1∶100、1∶150、1∶200、1∶300
建筑物或构筑物的局部放大图	1∶10、1∶20、1∶25、1∶30、1∶50
配件及构造详图	1∶1、1∶2、1∶5、1∶10、1∶15、1∶20、1∶25、1∶30、1∶50

六、建筑平面图的标注

1. 轴线

为方便施工时定位放线和查阅图纸，用定位轴线确定主要承重结构和构件（承重墙、梁、柱、屋架、基础等）的位置。对应次要承重构件，可以用附加轴线表示。

表 5-4 房屋施工图常见图例（部分）（GB/T 50104—2010）

名称	图例	名称	图例
墙体		风道	
楼梯	顶层 中间层 底层	新建的墙和窗	
检查口		空门洞	
孔洞			
墙预留洞、槽	宽×高或 ϕ 标高 宽×高或 ϕ×深 标高	单面开启单扇门（包括平开或单面弹簧）	
烟道		双面开启单扇门（包括双面平开或双面弹簧）	

名称	图例	名称	图例
双层单扇平开门		固定窗	
单面开启双扇门（包括平开或单面弹簧）		单层外开平开窗	
双面开启双扇门（包括双面平开或双面弹簧）		单层内开平开窗	
		双层内外开平开窗	
双层双扇平开门		单层推拉窗	
电梯		自动扶梯	

图样对称时，一般标注在图样的下方和左侧；图样不对称时，以下方和左侧为主，上方和右方也要标注。

2. 尺寸标注

建筑平面图标注的尺寸可分为总尺寸、定位尺寸和细部尺寸。绘图时，应根据设计深度和图纸用途确定所需注写的尺寸。

（1）外部尺寸

在水平方向和竖直方向各标注三道。最外一道尺寸标注房屋水平方向的总长、总宽，称为总尺寸。中间一道尺寸称为定位尺寸——轴线尺寸，标注房屋的开间、进深（一般情况下两横墙之间的距离称为开间；两纵墙之间的距离称为进深）。最里边一道尺寸标注房屋外墙的墙段及门窗洞口尺寸，称为细部尺寸。

如果建筑平面图图形对称，宜在图形的左边、下边标注尺寸，如果图形不对称，则需在图形的各个方向标注尺寸，或在局部不对称的部分标注尺寸。

（2）内部尺寸

房屋内部门窗洞口、门垛、内墙厚、柱子截面等细部尺寸。

3. 标高

建筑物平面图宜标注室内外地坪、楼地面、地下层地面、阳台、平台、台阶等处的完成面标高。平屋面等不易标明建筑标高的部位可标注结构标高，并予以说明。结构找坡的平屋面，屋面标高可标注在结构板面最低点，并注明找坡坡度，如图 5-25（b）所示。

4. 门窗编号

为编制概预算的统计及施工备料，平面上所有的门窗都应进行编号。门常用"M1""M2"或"M-1""M-2"等表示，窗常用"C1""C2"或"C-1""C-2"表示，也可用标准图集上的门窗代号来编注门窗。门窗编号为"MF""LMT""LC"的含义依次分别为"防盗门""铝合金推拉门""铝合金窗"。为便于施工，图中还常列有门窗表，如表 5-5 所示。

表 5-5　门窗表

名称	门窗编号	洞口尺寸(宽×高)/mm×mm	数量	说明
门	M-1	1500×2100	1	单元入口电子门
	M-2	900×2100	8	防盗门
	M-3	900×2100	24	木门
	M-4	800×2100	16	木门
窗	C-1	1500×1500	19	双层玻璃内开塑钢窗
	C-2	1800×1500	8	双层玻璃内开塑钢窗
	C-3	900×1500	8	双层玻璃内开塑钢窗
	C-4	1500×1000	1	双层玻璃内开塑钢窗
门联窗	MC-1	1500×2400	8	双层玻璃门联窗
	MC-2	4060×2400	8	双层玻璃门联窗

5. 剖切位置及详图索引

建（构）筑物剖面图的剖切部位，应根据图纸的用途或设计深度，在平面图上选择能反映全貌、构造特征以及有代表性的部位剖切，剖切符号宜注在±0.000 标高的平面图（多为一层平面图）上，如图 5-22（b）所示的 1—1，2—2。如图中某个部位需要画出详图，则在该部位要标出详图索引标志。

6. 房间功能说明

建筑物平面图应注写房间的名称或编号。编号注写在直径为 6mm 细实线绘制的圆圈内，并在同张图纸上列出房间名称表。如图 5-22（b）、图 5-23（b）、图 5-24（b）所示平面图采用的是注写房间名称的方式来表达的。

7. 指北针

指北针应绘制在建筑物±0.000m 标高的平面图（一层平面图）上，并放在明显位置，所指的方向应与总平面图一致，如图 5-22（b）所示。

七、看图示例

1. 底层（一层）平面图的阅读

如图 5-22（b）所示为某住宅楼的底层平面图，绘图比例为 1∶100。横向定位轴线有①～⑨；纵向定位轴线有Ⓐ～Ⓔ。该楼每层均为两户，北面中间入口为楼梯间，每户有三室一厅一厨二厕，南北各有一阳台。朝南的居室开间为 3.6m，客厅开间为 7.05m；进深为 4.8m。朝北的居室开间为 3.6m 和 3m 两种；进深为 4.5m。楼梯和厨房开间都为 2.7m，楼梯两侧墙厚为 370mm，其余内墙厚度均为 240mm，外墙厚度 490mm。

每个单元有四种门 M-1、M-2、M-3 和 M-4，三种窗户 C-1、C-2 和 C-3，两种窗联门 MC-1 和 MC-2，其详细尺寸如表 5-5 所示门窗表以及后文中图 5-43 所示的门窗详图。

底层平面图中外部尺寸共有三道：最外一道表示总长和总宽的尺寸，它们分别为 22.04m 和 14.24m，与图 5-20 所示的总平面图中的尺寸一致；第二道尺寸是定位轴线的间距，一般即为房间的开间和进深尺寸，如 3600mm、3000mm、2700mm 和 4500mm、2700mm、4800mm 等；最里的一道尺寸为门窗洞的大小及它们到定位轴线的距离。

楼底层室内地面相对标高为±0.000m，楼梯间地面标高为−0.900m，室外标高为−1.050m。该楼北面入口处设有一个踏步进到室内，经六级踏步到达一层地面；楼梯向上 20 级踏步可到达二层楼面。朝南客厅有推拉门通向阳台。建筑四周做有散水，宽 900mm。

底层平面图上标有 1—1 和 2—2 剖面图的剖切符号。1—1 剖面图（如后文中图 5-31 所示）是切到墙 A、B、C、D，通过南北卧室和中间卫生间的一个全剖面图，它的剖切平面平行于定位轴线 1～9，通过窗 C-1 及 C-2，其投影方向向左；2—2 剖面图（如后文中图 5-32 所示）切到墙 A、C、E，通过客厅和楼梯间的阶梯全剖面图，它的剖切平面也平行于定位轴线 1～9，经过楼梯间后在客厅转折，再通过窗联门 MC-2 及阳台，其投影方向向右。

2. 二、三层（标准层）平面图和顶层平面图的阅读

与底层平面图相比，其他层平面图要简单一些，其主要区别在于：其一，一些已在底层平面图中表示清楚的构配件，就不在其他图中重复绘制。例如：按照建筑制图标准，在二层以上的平面图中不再绘制明沟、散水、台阶、花坛等室外设施及构配件；在三层以上也不再绘制已由二层平面图中表示的雨篷；除底层平面图外，其他各层一般也不绘制指北针和剖切符号了。其二，楼梯间的建筑构造图例不同。相对于一层楼地面，一般来讲，底层的楼梯只有上，中间层有上有下，顶层只有下。如图 5-23（b）、图 5-24（b）所示，即为上面所读住宅楼的标准层和顶层平面图，读者可以对照底层平面图进行阅读。

3. 屋顶平面图的阅读

屋顶平面图是将屋面上的构配件直接向水平投影面所作的正投影图。由于屋顶平面图通常比较简单，故常用较小的比例（如 1：200）来绘制。在屋顶平面图中，一般表示屋顶的外形、屋脊、屋檐或内、外檐沟的位置，用带坡度的箭头表示屋面排水方向，另外还有女儿墙、排水管和屋顶水箱、屋面出入口的设置等，如图 5-25（b）所示。

八、建筑平面图的画图步骤

① 选择合适的绘图比例，一般用 1：100，根据比例确定图幅尺寸。

② 根据开间和进深的尺寸，先画出定位轴线，如图 5-26（a）所示。

③ 再根据墙体位置和厚度，用细实线画出内外墙厚度轮廓线，如图 5-26（b）所示。

④ 根据门窗洞口的分段尺寸用细实线画出门窗图例，如图 5-26（c）所示。

⑤ 用细实线画出楼梯、平台、台阶、散水、雨篷等细部，再按图例画出厨房灶具、卫生间设备、烟道、通风道等，如图 5-26（d）所示。

⑥ 检查，按图面要求加深所有图线，使图面层次清晰，再画出尺寸线、尺寸界线和轴线编号，最后注写尺寸数字、门窗编号、轴线编号等，填写图标等，完成作图，如图 5-22（b）所示。

(a)

(b)

图 5-26

(c)　　　　　　　　　　　　　　　(d)

图 5-26　底层平面图绘图步骤

第五节　建筑立面图

一、建筑立面图的用途

建筑立面图简称立面图，主要用来表达房屋的外部造型、门窗位置及形式、外墙面装修、阳台、雨篷等部分的材料和做法等。

二、建筑立面图的形成及图名

立面图是用正投影法，将建筑物的墙面向与该墙面平行的投影面投影所得到的投影图，如图 5-27～图 5-29 所示。

建筑立面图的图名，常用以下三种方式命名：

① 以建筑墙面的特征命名：常把建筑主要出入口所在墙面的立面图称为正立面图，其余几个立面相应的称为背立面图、侧立面图等。

② 以建筑各墙面的朝向来命名，如东立面图、西立面图、南立面图、北立面图。当东西立面相同时可以绘制一个投影图，如图 5-29 所示。

③ 有定位轴线的建筑物，宜根据两端定位轴线号编注立面图名称，如①—⑨立面图、⑨—①立面图等。

如果建筑物的平面形状较曲折，可绘制展开立面图。圆形或多边形平面的建筑物，可分段展开绘制立面图，但应在图名后加注"展开"二字。

三、建筑立面图的比例

建筑立面图的比例与平面图一致，宜选用 1：50、1：100、1：150、1：200 的比例绘制。

(a) 形成

①—⑨立面图 1:100

(b) 投影

图 5-27　①—⑨（南）立面图

(a) 形成

(b) 投影

图 5-28 ⑨—① (北) 立面图

(a) 东立面图形成

(b) 西立面图形成

图 5-29

图 5-29　侧立面图

四、建筑立面图的图示内容

立面图应根据正投影原理绘出建筑物外墙面上所有门窗、雨篷、檐口、壁柱、窗台、窗楣及底层入口处的台阶、花池等的投影。由于比例较小，立面图上的门、窗等构件也用图例表示。相同的门窗、阳台、外檐装修、构造做法等可在局部重点表示，绘出其完整图形，其余部分可只画轮廓线，如图 5-27（b）、图 5-28（b）、图 5-29（c）所示。

五、建筑立面图的线型

为使立面图外形更清晰，通常用粗实线表示立面图的最外轮廓线，而凸出墙面的雨篷、阳台、柱子、窗台、窗楣、台阶、花池等投影线用中粗线画出，地坪线用加粗线（粗于标准粗度的 1.4 倍）画出，其余如门、窗及墙面分格线、落水管以及材料符号引出线、说明引出线等用细实线画出。

六、建筑立面图的标注

1. 轴线

有定位轴线的建筑物，立面图宜标注建筑物两端的定位轴线及其编号。

2. 尺寸

建筑立面图在竖直方向宜标注三道尺寸：最内一道尺寸标注房屋的室内外高差、门窗洞口高度、垂直方向窗间墙、窗下墙高、檐口高度等细部尺寸；中间一道尺寸标注层高尺寸；最外一道尺寸为总高尺寸。另外还应标注平、剖面图未表示的高度。

立面图水平方向一般不注尺寸。

3. 标高

建筑立面图宜注写各主要部位的完成面标高（相对标高），及平、剖面图未表示的标高。

4. 装修说明

在建筑物立面图上，外墙表面分格线应表示清楚。应用文字说明各部位所用面材及色彩。也可以在建筑设计说明中列出外墙面的装修做法，而不注写在立面图中，以保证立面图的完整美观。

七、看图示例

如图 5-28（b）所示的住宅楼⑨—①立面图（北立面），从图名或轴线编号可知该图表示的是建筑北立面图，其比例为 1∶100。从图中可看出该建筑的外部造型，也可了解该建筑的屋顶形式、门窗、阳台、楼梯间、檐口等细部形式及位置。该楼北面墙上每层有二樘左右的推拉窗户，由室外进入楼内是通过对开的一樘大门和一樘小门，楼梯间休息台处有一樘左右推拉窗户。该建筑包括底层在内共 4 层，层高都为 3m。建筑室外地坪处标高—1.05m，女儿墙顶面处的标高 13m，所以外墙总高度为 14.05m。由图还可知，该楼外墙面主色调用砖红色涂料，装饰用白色外墙涂料，勒脚用褐色水刷石，顶层窗上有三角形装饰，其详细尺寸见表 5-5 门窗表以及后文中图 5-43 所示的门窗详图。

八、建筑立面图的画图步骤

① 选取和建筑平面图相同的比例，根据比例确定图幅尺寸。

② 画室外地坪、两端的定位轴线、外墙轮廓线、屋顶线等，如图 5-30（a）所示。

③ 根据层高、各种分标高和平面图门窗洞口尺寸，画出立面图中阳台、门窗洞等细部的外形轮廓，如图 5-30（b）所示。

④ 画出门窗、墙面分格线、雨水管、烟道、通风道等细部，如图 5-30（c）所示。

⑤ 注写尺寸、标高、首尾轴线号、墙面装修说明等，如图 5-30（d）所示。

⑥ 检查无误后加深图线，注写图名、比例等，完成作图，如图 5-28（b）所示。

图 5-30　建筑立面图绘图步骤

第六节　建筑剖面图

一、建筑剖面图的用途

建筑剖面图简称剖面图，主要用以表示房屋内部的结构或构造方式，如屋面（楼、地面）形式、分层情况、材料、做法、高度尺寸及各部位的联系等。它与平、立面图互相配合用于计算工程量，指导各层楼板和屋面施工、门窗安装和内部装修等。

二、建筑剖面图的形成及图名

建筑剖面图是假想用一个或几个剖切平面将房屋剖切开后移去靠近观察者的部分，作出剩余部分的投影图，如图 5-29 所示。剖面图的数量是根据房屋的复杂情况和施工实际需要决定的；剖面图的剖切部位，应根据图纸的用途或设计深度，在平面图上选择能反映全貌、构造特征以及有代表性的部位剖切，如门窗洞口和楼梯间等位置，并应通过门窗洞口剖切，如图 5-22（b）所示的 1—1（一个剖切面），2—2（三个剖切面）。剖面图的图名符号应与底层平面图上剖切符号相对应，如通过 1—1 剖面的称为 1—1 剖面图，如图 5-31 所示；通过 2—2 剖面的称为 2—2 剖面图，如图 5-32 所示。

(a) 形成

1—1剖面图 1:100

(b) 投影

图 5-31　1—1 剖面图

(a) 形成

2—2剖面图 1:100

(b) 投影

图 5-32　2—2 剖面图

三、建筑剖面图的比例

剖面图的比例常与平面图、立面图的比例一致，即采用 1:50、1:100、1:150、1:200 等比例绘制，由于比例较小，剖面图中的门、窗等构件也采用"国标"标定的图例来表示。

为了清楚地表达建筑各部分的材料及构造层次，当剖面图比例大于 1∶50 时，应在剖到的构件断面画出其材料图例。当剖面图比例小于 1∶50 时，则不画具体材料图例，而用简化的材料图例表示其构件断面的材料，如钢筋混凝土构件可在断面涂黑以区别砖墙和其他材料。

四、建筑剖面图的线型

剖面图的线型按"国标"规定，凡是剖到的墙、板、梁等构件的剖切线用粗实线表示，而没剖到的其他构件的投影，则常用中粗实线、中实线或细实线表示。

五、建筑剖面图的标注

1. 轴线

常标注剖到的墙、柱及剖面图两端的轴线和轴线编号。

2. 尺寸

① 竖直方向　标注三道尺寸，最外一道为总高尺寸，从室外地坪起标注建筑物的总高度；中间一道尺寸为层高尺寸，标注各层层高（从某层的楼面到其上一层的楼面之间的尺寸称为层高，某层的楼面到该层的顶棚面之间的尺寸称为净高）；最里边一道尺寸为细部尺寸，标注墙段及洞口尺寸。

② 水平方向　常标注剖到的墙、柱及剖面图两端的轴线间距。

3. 标高

标注建筑物的室内地面、室外地坪、各层楼面、门顶、窗台、窗顶、墙顶、梁底等部位完成面标高。

4. 其他标注

由于剖面图比例较小，某些部位如墙脚、窗台、过梁、墙顶等节点，不能详细表达，可在剖面图上的该部位处，画上详图索引标志，另用详图来表示其细部构造尺寸。此外楼地面及墙体的内外装修，可用文字分层标注。

六、看图示例

如图 5-32（b）所示的 2—2 剖面图，其剖切位置和投影方向在如图 5-22（b）所示的建筑底层平面图上，2—2 为阶梯剖。共剖到 A、C、E 三条承重墙。E 轴线所在墙为楼梯间的外墙，为单元进户门所在；标高为 -0.90m 处为门洞；门洞和窗洞顶部均有钢筋混凝土过梁；雨篷与门洞顶梁连成整体。由于另有详图表示，所以在 2—2 剖面图中，只示意地用线条表示了地面、楼面和屋面位置及屋面架空层。从 2—2 剖面图中可以大致了解到楼梯的形式和构造。该楼梯为平行双跑式，每层有两个梯段，各为 10 级踏步（9 个踏面）。楼梯梯段为板式楼梯，其休息平台和楼梯均为现浇钢筋混凝土结构。图中还表达了每层大门、阳台的形状和位置，均用中实线绘制。

剖面图中的外部尺寸也分为三道：

① 最里一道尺寸表示门窗洞的高度和定位尺寸　如图 5-32（b）所示，在图的右侧注明了 A 轴线所在外墙上阳台门洞的高度为 2400mm，一层阳台门下边与一层地面等高，距其外地面的定位尺寸为 1050mm，门上圈梁的高度为 600mm。

② 中间一道尺寸表示楼房的层高　所谓层高是指地（楼）面至上一层楼面的距离，在本住宅中，一层 3.000m－0.000m＝3.000m，二层 6.000m－3.000m＝3.000m，三层 9.000m－6.000m＝3.000m，四层 12.000m－9.000m＝3.000m，即各层的层高均为 3m。

③ 最外一道尺寸是建筑的总高　该楼总高为 14.050m（13.000m 与－1.050m 之差值）。

此外，在图的左侧还注明了楼梯间外墙上门洞的高度，它们至休息平台的定位尺寸及边梁的高度。在图内还标注了地面、各层楼面、休息平台的标高尺寸。

七、建筑剖面图的画图步骤

① 选择合适的绘图比例，根据比例确定图幅尺寸。

② 画出纵向墙体轴线，室内外地面线、台阶和各层楼地面线。画出屋顶、天棚、楼梯平台等处标高控制线，如图 5-33（a）所示。

③ 再画出墙体、楼板、屋面、阳台、窗、门、楼梯投影，如图 5-33（b）所示。

④ 再画楼梯栏杆及屋顶、烟道、通风道、窗套、雨篷等细部，如图 5-33（c）所示。

⑤ 画标高，定位轴线等符号，如图 5-33（d）所示。

⑥ 检查无误后，按图线层次加深构件的轮廓线，画材料图例、标注尺寸、标高数值，注写图名、比例及有关文字说明等，完成作图，如图 5-32（b）所示。

以上介绍了建筑的总平面图及平面图、立面图和剖面图，这些都是建筑物全局性的图纸。在这些图中，图示的准确性是很重要的，应力求贯彻国家制图标准，严格按制图标准规定绘制图样，其次，尺寸标注也是非常重要的。应力求准确、完整、清楚。并弄清各种尺寸的含义。

平、立、剖面图如画在同一张图纸上时，应符合投影关系即平面图与立面图要长对正、立面图与剖面图要高平齐、平面图与剖面图要宽相等。

不同比例的平面图、剖面图，其抹灰层、楼地面、材料图例的省略画法，应符合下列规定：

① 比例大于 1：50 的平面图、剖面图，应画出抹灰层、保温隔热层等与楼地面、屋面的面层线，并宜画出材料图例；

② 比例等于 1：50 的平面图、剖面图，宜画出楼地面、屋面的面层线，宜绘出保温隔热层，抹灰层的面层线应根据需要确定；

③ 比例小于 1：50 的平面图、剖面图，可不画出抹灰层，但剖面图宜画出楼地面、屋面的面层线；

④ 比例为 （1：100）～（1：200）的平面图、剖面图，可画简化的材料图例，但剖面图宜画出楼地面、屋面的面层线；

⑤ 比例小于 1：200 的平面图、剖面图，可不画材料图例，剖面图的楼地面、屋面的面层线可不画出。

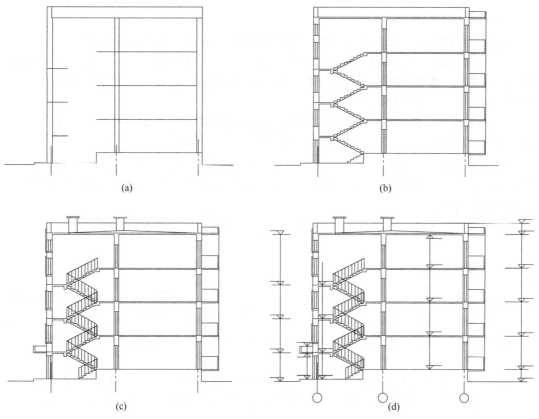

图 5-33 2—2 剖面图绘图步骤

第七节 建 筑 详 图

房屋建筑平、立、剖面图都是用较小的比例绘制的，主要表达建筑全局性的内容，但对于房屋细部或构配件的形状、构造关系等无法表达清楚，因此，在实际工作中，为详细表达建筑节点及建筑构配件的形状、材料、尺寸及做法，而用较大的比例画出的图形，称为建筑详图或大样图。

建筑详图，包括建筑墙身剖面详图、楼梯详图、门窗等所有建筑装修和构造，以及特殊做法的详图。其详尽程度以能满足施工预算、施工准备和施工依据为准。

1. 建筑详图的特点

① 大比例 详图的比例宜用 1:1、1:2、1:5、1:10、1:20、1:30、1:50 绘制，必要时，也可选用 1:3、1:4、1:25、1:40 等。在详图上应画出建筑材料图例符号及各层次构造。

② 全尺寸 图中所画出的各构造，除用文字注写或索引外，都需详细注出尺寸。

③ 详细说明 因详图是建筑施工的重要依据，不仅要大比例，还必须图例和文字详尽清楚，有时还引用标准图。

2. 建筑详图的分类

常用的详图基本上可以分为三类，即节点详图、房间详图和构配件详图。

① 节点详图　节点详图用索引和详图表达某一节点部位的构造、尺寸做法、材料、施工需要等。最常见的节点详图是外墙剖面详图，它是将外墙各构造节点等部位，按其位置集中画在一起构成的局部剖面图。

② 房间详图　房间详图是将某一房间用更大的比例绘制出来的图样，如楼梯详图、单元详图、厨厕详图。一般来说，这些房间的构造或固定设施都比较复杂。

③ 构配件详图　构配件图是表达某一构配件的形式、构造、尺寸、材料、做法的图样，如门窗详图、雨篷详图、阳台详图，一般情况下采用国家和某地区编制的建筑构造和构配件的标准图集。

下面主要介绍楼梯详图、外墙身详图、卫生间详图和门窗节点详图等。

一、楼梯详图

楼梯是楼层建筑垂直交通的必要设施。常见的楼梯平面形式有：单跑楼梯、双跑楼梯、三跑楼梯等。它一般由梯段、平台和栏杆（或栏板）扶手组成。楼梯详图主要表示楼梯的结构形成、构造，各部分的详细尺寸、材料和作法。楼梯详图是楼梯施工放样的主要依据。

楼梯详图包括楼梯平面图、楼梯剖面图、踏步、栏杆等细部节点详图，主要表示楼梯的类型、结构形式、构造和装修等。楼梯详图应尽量安排在同一张图纸上，以便阅读。

1. 楼梯平面图

假想沿着建筑各层第一梯段的任一位置，将楼梯水平剖切后向下投影所得的图形，称为楼梯平面图。与建筑平面图同理，楼梯平面图一般也分三种：楼梯底层平面图，如图 5-34 （a） 所示；楼梯中间层平面图，如图 5-34 （b） 所示；楼梯顶层平面图，如图 5-34 （c） 所示。各层平面图如图 5-35 所示。但如果中间各层中某层的平面布置与其他层相差较多，则应专门绘制。

(a) 底层平面图　　　(b) 中间层平面图　　　(c) 顶层平面图

图 5-34　楼梯平面图的形成

顶层平面图 1:50

中间层平面图 1:50

底层平面图 1:50

图 5-35　楼梯平面图

各层被剖切到的上行第一跑梯段，在楼梯平面图中画一条与踢面线成 30°的折断线（构成梯段的踏步中与楼地面平行的面称为踏面，与楼地面垂直的面称为踢面）。各层下行梯段不予剖切。常用的楼梯平面图的比例为 1∶50，如图 5-35 所示。

楼梯的底层平面图，它实际上是底层建筑平面图楼梯间的放大图，其定位轴线与相应的建筑平面图相同。在底层平面图中，剖切后的 45°折断线，应从休息平台的外边缘画起，使得第一梯段的踏步数全部表示出来。由图 5-35 可知，该楼底层至二层的第一梯段为 10 级踏步，其水平投影应为 9 格（9 个踏面），水平投影的格数＝踏步数－1。由休息平台的外边缘的距离取 9×300mm（300mm 为踏面宽）的长度后可确定楼梯的起步线。图中箭头指明了楼梯的上下走向，旁边的数字表示踏面数。"上 20"是指由此向上 20 个踏步可以到达二层楼面；"下 6"表示由底层地面到单元出口地面，需向下走 6 级踏步。

在楼梯底层平面图上，楼梯起步线至休息平台外边缘的距离，被标出 9×300mm＝2700mm 的形式，其目的就是为了将梯段的踏步尺寸一并标出。

另外，在楼梯的底层平面图上，还标出了各地面的标高和楼梯剖面图的剖切符号等内容，如 3—3 剖面。

楼梯的中间层平面图，它是沿二、三层的休息平台以下将梯段剖开所得。从图中可以看出，二层楼梯平面图中的 45°折断线，画在梯段的中部。在画有折断线的一边，折断线的一侧表示为下一层的第一梯段上的可见踏步及休息平台；而在扶手的另一边，表示的是休息平台以上的第二段踏步。在图中该段（第二段）画有 9 个等分格，说明该段有 10 个踏步，水平投影格数＋1＝踏步数。

楼梯中间层平面图的尺寸标注与底层平面图基本相同。

楼梯的顶层平面图，由于此时的剖切平面位于楼梯栏杆（栏板）以上，梯段未被切断，所以在楼梯顶层平面图上不画折断线。图中表示的是下一层的两个梯段和休息平台，箭头只指向下楼的方向。

2. 楼梯剖面图

按照楼梯底层平面图上标注的剖切位置 3—3，用一个剖切平面，沿各层的一个梯段和楼梯间的门窗洞口剖开，向另一个未剖切的梯段方向投影，所得的剖面图称为楼梯剖面图，如图 5-36 所示。

楼梯剖面图常用 1∶50 的比例画出。如图 5-36 所示为按图 5-35 底层平面图所示 3—3 剖切位置绘制的 3—3 剖面图。由图可知，楼梯剖面图可以看成是建筑剖面图的局部放大图。

楼梯剖面图主要表示各楼层及休息平台的标高、梯段踏步、构件连接方式、栏杆形式、楼梯间门窗洞的位置和尺寸等内容。

楼梯间剖面图的主要标注内容有：

① 水平方向　标注被剖切墙的轴线编号、轴线尺寸及中间平台宽、梯段长等细部尺寸。

② 竖直方向　标注剖到墙的墙段、门窗洞口尺寸及梯段高度、层高尺寸。梯段高度应标成：踢面高×踏步级数＝梯段高。

③ 标高及详图索引　楼梯间剖面图上应标出各层楼面、地面、休息平台面及平台梁下底面的标高。如需画出踏步、扶手等的详图，则应标出其详图索引符号和其他尺寸，如栏杆（或栏板）高度。

(a) 形成

3—3剖面图 1:50

(b) 投影

图 5-36　楼梯剖面图

3. 踏步、栏杆和扶手详图

用 1∶50 的比例画出的楼梯平面图和剖面图中，仍然难以表达清楚踏步、栏杆、扶手等的细部构造及尺寸做法。为此，在实际的工程表达中，往往需要使用更大的比例来表达更加详细的构造。如图 5-37 (a) 所示，此详图是一个剖面详图，它主要表示扶手的断面形状、尺寸、材料及它与栏杆柱的连接方式。图 5-37 (b) 所示是栏杆柱与楼梯板的固定形式，也是楼梯梯段终端的节点详图。通常这样的详图还包括：室外台阶节点剖面详图、阳台详图、壁橱详图等。这类详图的尺寸相对较小，所以可以采用更大的绘图比例。一般这类详图的绘图比例有 1∶20、1∶10，还有 1∶5 和 1∶2 等。图 5-37 (b) 所示详图表示的楼梯梯段为现浇钢筋混凝土板式楼梯，梯段中踏步的踏面宽为 300mm，踢面高为150mm。此外，该图中还表明了栏杆与楼梯板的连接是通过钢筋混凝土中的预埋件"M-1"，图 5-37 (c) 所示为预埋件详图。

(a) 扶手节点详图　　(b) 楼梯梯段节点详图　　(c) 预埋件详图

图 5-37　楼梯节点详图

4. 楼梯详图的画法

(1) 楼梯平面图的画法

① 根据楼梯间的开间和进深画出定位轴线，然后画出墙的厚度及门窗洞口、台阶等，如图 5-38 (a) 所示。

② 画出楼梯平台宽度、梯段长度和宽度。再根据踏步级数 n 在梯段上用等分平行线间距的方法画出踏步面数（等于 $n-1$），如图 5-38 (b) 所示。

③ 画门窗、烟道等其他细部，再画标高、轴线编号、楼梯上下方向指示线及箭头等，如图 5-38 (c) 所示。

④ 检查并根据图线层次进行加深，标注尺寸，书写数字，完成如图 5-35 所示作图。

(2) 楼梯剖面图的画法

① 画出定位轴线及墙身、梁，再根据标高画出室内外地面线，各层楼面、楼梯休息平台、雨篷等所在位置，如图 5-39 (a) 所示。

② 根据楼梯段的长度、平台宽度、踏步级数 n，定出楼梯的位置，再用等分两平行线距离的方法画出楼梯踏步的位置，如图 5-39 (b) 所示。

③ 画出门、窗、窗套、栏杆等细部，如图 5-39 (c) 所示。

④ 绘制标高、轴线、图例等，如图 5-39 (d) 所示。

⑤ 检查并根据图线层次进行加深，标注尺寸，书写数字，完成如图 5-36 所示作图。

(a)　　　　　　　　　(b)　　　　　　　　　(c)

图 5-38　楼梯间平面图绘图步骤

(a)　　　　　　　　　　　　　　(b)

(c)　　　　　　　　　　　　　　(d)

图 5-39　楼梯间剖面图绘图步骤

二、外墙身详图

外墙身详图即房屋建筑的外墙身剖面详图，它是建筑剖面图中某处墙的局部放大图。主要用以表达外墙的墙脚、窗台、窗顶，以及外墙与室内外地面、外墙与楼面、屋面的连接关系等内容，如图 5-40（a）所示。对一般建筑而言，其节点图应包括底层、中间层、顶层三部分，如图 5-40（b）所示。

外墙身详图可根据底层平面图、外墙身剖切位置线的位置和投影方向来绘制，也可根据房屋剖面图中，外墙身上索引符号所指示需要画出详图的节点来绘制。

外墙身详图常用较大比例（如 1∶20）绘制，线型同剖面图，详细地表明外墙身从防潮层至屋顶间各主要节点的构造。为表达简洁、完整，常在门窗洞中间（如窗台与窗顶之间）断开，成为几个节点详图的组合。多层房屋中，若中间几层的情况相同，也可以只画底层、顶层和一个中间层来表示。

外墙身详图的主要标注内容有：

① 墙的轴线编号、墙的厚度及其与轴线的关系。有时一个外墙身详图可适用于几个轴线。按"国标"规定：如一个详图适用于几个轴线时，应同时注明各有关轴线的编号。通用详图的定位轴线应只画圆，不注写轴线编号。

② 各层楼板等构件的位置及其与墙身的关系。诸如进墙、靠墙、支承、拉结等情况。

③ 门窗洞口、底层窗下墙、窗间墙、檐口、女儿墙等的高度；室内外地坪、防潮层、门窗洞的上下口、檐口、墙顶及各层楼面、屋面的标高。

④ 屋面、楼面、地面等为多层次构造。多层次构造用分层说明的方法标注其构造做法。

⑤ 立面装修和墙身防水、防潮要求，及墙体各部位的线脚、窗台、窗楣、檐口、勒脚、散水等的尺寸、材料和做法，或用引出线说明，或用索引符号引出另画详图表示。

如图 5-40 所示的外墙剖面详图，墙体轴线编号为 A 和 D，且轴线距室内墙 120mm，防水砂浆掺 10％硅质密实剂做墙身防潮层，做在底层地面以下 60mm 处。室内地面和散水的构造做法以文字叙出，水泥砂浆踢脚高 150mm。沥青麻丝填塞在散水与外墙根处。在洞口位置有现浇钢筋混凝土过梁，过梁和楼板浇筑在一起，梁高 600mm。内窗台为水泥压光窗台板，外窗套下有滴水槽。女儿墙厚 370mm，高度为 1000mm，墙顶做现浇钢筋混凝土压顶板，厚度 120mm。屋面是由钢筋混凝土板、保温层和防水层构成。屋面横向排水坡为 2％。为了做好防水卷材收头的固定和防水，墙体挑出一皮砖做泛水。楼层及屋面的构造做法如图中所示。

三、卫生间详图

一般与设备、电气专业有关的诸如厕浴、厨房、水泵房、冷冻机房、变配电室等应绘制（1∶50）～（1∶20）的放大平、剖面和相关的地沟、水池、配电隔间、玻璃隔断、墙和顶棚吸声构造等详图。

图 5-41 是主卫生间部分的局部平面放大图样，注明相关的轴线和轴线编号以及细部尺寸、设施的布置和定位、相互的构造关系及具体技术要求等。

13.000

1000

490
370
120
现浇钢筋混凝土压顶板
白色外墙涂料
601
300
160
2%
12.000
砖红色外墙涂料

600

11.400

2550

60
100

20厚1:25水泥砂浆
SBS聚乙烯丙纶双面复合防水卷材
保温层用沥青珍珠岩制品,最薄处160厚
20厚1:2.5水泥砂浆
隔汽层雪佳A型隔汽胶刮涂两遍
现浇钢筋混凝土楼板120厚
20厚1:1:4混合砂浆
刷白色涂料二道

1500

(9.900)
(6.900)
3.900
白色外墙涂料

260
70
20
40
水泥压光窗台板
暗踢脚,
材料同地面
(9.000)
(6.000)
3.000

外墙滴水
100

900

砖红色外墙涂料

150

白色外墙涂料
60
100

20厚1:2.5水泥砂浆
现浇钢筋混凝土楼板120厚
20厚1:2.5混合砂浆
刷白色涂料二道

600

1700

0.900
白色外墙涂料
褐色水刷石
100

水泥压光窗台板

防潮层抹30厚防水砂浆掺10%
硅质密实剂,标高为-0.060

踢脚材料同地面

150

-0.060
±0.000

1950

20厚1:2.5水泥砂浆
刷素水泥浆一道
60厚C15混凝土
150厚3:7灰土夯实
素土夯实

20厚1:2.5水泥砂浆
100#混凝土垫层100厚
素土夯实

-1.050
i=3%~5%

沥青麻丝填塞

900
370
120

Ⓓ Ⓐ

墙身构造节点详图1:20

(a) 形成

(b) 投影

图 5-40 墙身详图

(a) 形成　　　　　　　　(b) 投影

图 5-41　主卫详图

图 5-42 是次卫生间部分的局部平面放大图样，表达方法与主卫相同。

(a) 形成　　　　　　　　(b) 投影

图 5-42　次卫详图

四、门窗节点详图

门在建筑中的主要功能是交通、分隔、防盗，兼作通风、采光。窗的主要作用是通风、采光。门窗洞口的基本尺寸，1000mm 以下时按 100mm 为增值单位增加尺寸，1000mm 以上时，按 300mm 为增值单位增加尺寸。门窗详图，一般都有分别由各地区建筑主管部门批准发行的各种不同规格的标准图（通用图、利用图）供设计者选用。若采用标准详图，则在施工图中只需说明该详图所在标准图集中的编号即可。如果未采用标准图集时，则必须画出门窗详图。

门窗详图一般用立面图、节点详图、断面图和文字说明等来表示。如图 5-43 所示为本住宅各门窗详图。

立面图所用比例较小，只表示窗的外形、开启方式及方向、主要尺寸、节点索引符号等内容，如图 5-43 所示。立面图上所标注的尺寸有窗洞口尺寸、窗框外包尺寸、窗扇和窗框尺寸等。窗洞口尺寸应与建筑平、剖面图的洞口尺寸一致。窗扇和窗框尺寸均为成品的净尺寸。立面图上的线型除窗洞外轮廓线用中粗线外，其余均为细实线。

图 5-43 门窗详图

节点详图一般有剖面图、断面图、安装图等。节点详图比例较大，能表示各窗料的断面形状、定位尺寸、安装位置和窗框、窗扇的连接关系等内容。

五、其他详图

在建筑设计中，对大量重复出现的构配件如台阶、面层做法等，通常采用标准设计，即由国家或地方编制的一般建筑常用的构配件详图，供设计人员选用，以减少不必要的重复劳动。在读图时要学会查阅这些标准图集。

参 考 文 献

[1] GB/T 50103—2010. 总图制图标准.

[2] GB/T 50001—2017. 房屋建筑制图统一标准.

[3] GB/T 50104—2010. 建筑制图标准.

[4] 齐秀梅. 房屋建筑学. 2版. 北京：北京理工大学出版社，2017.

[5] 周佳新，王志勇. 土木制图技术. 北京：化学工业出版社，2021.

[6] 周佳新，王铮铮. 土建工程制图. 2版. 北京：中国电力出版社，2016.

[7] 周佳新，王志勇. 土木工程制图. 北京：化学工业出版社，2015.

[8] 周佳新，孙军. 画法几何学. 北京：化学工业出版社，2015.

[9] 同济大学，西安建筑科技大学，东南大学，等. 房屋建筑学. 5版. 北京：中国建筑工业出版社，2016.

[10] 朱育万，卢传贤. 画法几何及土木工程制图. 北京：高等教育出版社，2015.

[11] 王强，张小平. 建筑工程制图与识图. 北京：机械工业出版社，2017.